2/3–5
立春
立春綠
日光青

2/18–20
雨水
雨水清
春生碧

3/5–7
驚蟄
驚蟄草
生命綠

3/20–22
春分
春分瓣
幸福粉

4/4–6
清明
清明飄
柳葉新青

4/19–21
穀雨
穀雨豆
愛笑墨綠

5/5–7
立夏
立夏得穗
天空很藍

5/20–22
小滿
小得盈滿
日黃熟

6/5–7
芒種
芒種端陽
快樂橘

6/20–22
夏至
夏至荷
仙女紅

7/6–8
小暑
小暑知了
童年綠

7/22–24
大暑
大暑熱
星光寶藍

8/7–9
立秋
立秋乞巧
靦腆桃

8/22–24
處暑
處暑虎
刀子紅

9/7–9
白露
白露月
桂香黃

9/22–24
秋分
秋分蟹
柿子紅

10/7–9
寒露
寒露涼
大地土黃

10/23–24
霜降
霜降微愁
芒白

11/7–8
立冬
立冬收
禾木深棕

11/21–23
小雪
小雪感恩
微風紫

12/6–8
大雪
大雪飛
漫天灰

12/21–23
冬至
冬至節
團圓正紅

1/5–7
小寒
小寒臘八
雜灰雜紫

1/19–21
大寒
大寒冷
高粱辣金

目次

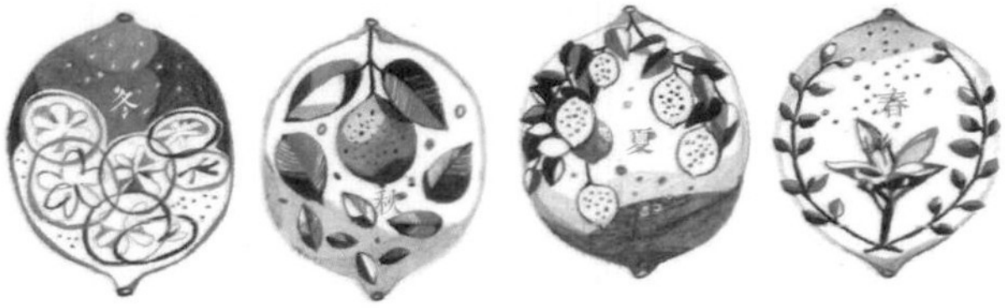

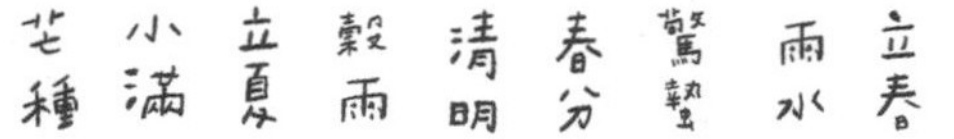

「當檸檬遇到柑橙」
「當檸檬遇到青蔥」
「當檸檬遇到枇杷」
「當檸檬遇到毛豆」
「當檸檬遇到梅子」
「當檸檬遇到蕃茄」
「當檸檬遇到香瓜」
「當檸檬遇到茭白筍」
「當檸檬遇到芒果」

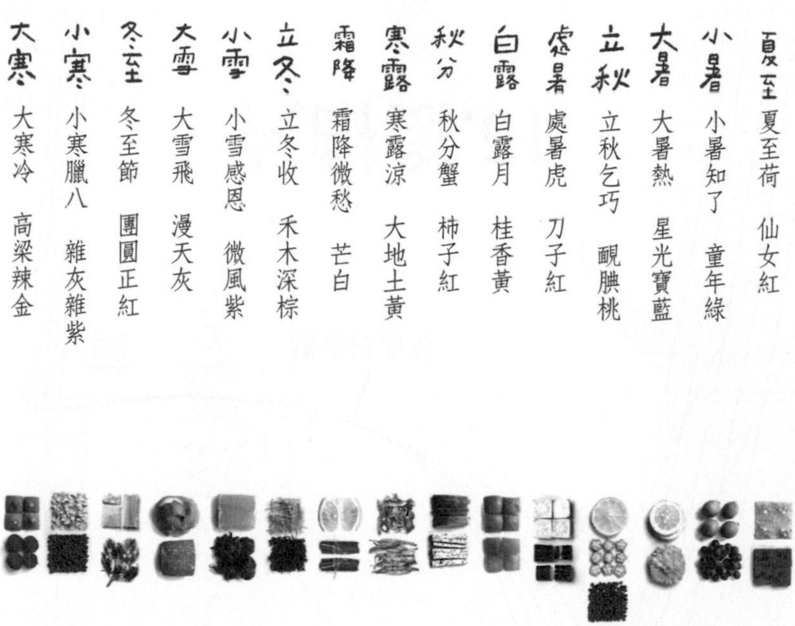

我們相信飲食的靈魂在風土
我們相信因愛料理是當代的情感印記
我們揣摩不同土地植生的農法、農作、農食、農加工以及食物原味
我們學習有機農業、節氣飲食、祖傳食譜、傳統食品製造法
我們收集土地甜度的故事
我們敬畏風土的縱深與轉化的陳義
我們明白古老的智慧是可敬的靈魂
這是
我們的節氣生活與生命節氣
厚生利用的亞洲式養生
不只是養到理想的歲數
而是
養出對生命的態度
我們是種籽

檸檬 5
www.seedsight .com
台中市梅亭街430號 | 04.22085548 | seed.design@msa.hinet.net

【我們是種籽】

我是妙滿

小學六年級以前，都是在隔壁手工藝品店渡過，這並不代表自己擁有這種藝術天份，只是單純很喜歡靠近這樣的人事物。即便離開校園，也一直持續這樣雜食性嗜好，從沒想過做料理的我，可以和從事文學、繪畫和手工藝的工作夥伴一起共事，進而編織成一本書，當然成員一定有大廚小馬和三廚諾諾。

檸檬一路旅行繞遍了五大洲，回到台灣和台灣物產相遇。料理百科的小馬，總像救火隊，在我腦子打結時，一起撞出新的可能；美學及文字魔力的萍姐，修改慣性出手的自己，激發出我的潛能；很像馬蓋先的棋哥，協助諸多事，把我從異域拉回台灣物產；還有用圖紀錄事情的怡惠，以及常和我天馬行空討論食材和料理的相遇、細心又正直的佑綺，物產和採購多虧有你的奔走；專業的趙老師，拍下最美好的當下。

小馬　愛雲

再一次感謝種籽的男人、女人、小孩、諾諾我的二廚，妙滿和伙伴們，及趙老師、美貌老師、飛牛施董、市場的帥哥美女們。

因為大家的付出，讓我能跟著妙滿透過檸檬跟著台灣節氣物產一路旅行，檸檬和魚露：東南亞；檸檬和鯷魚：義大利；檸檬和芹菜籽：法國；檸檬和香料：中東、印度、地中海……讓我體驗了勇敢、獨立、浪漫的妙滿。

這次真是讓我盡情體驗檸檬「酸」的美妙。檸檬不管從視覺、嗅覺、味覺，都是如此的有個性，滿滿的綠是清新的綠，刨下的檸檬絲，空氣中那股清新的香，還有那光想到就牛津的酸，整個人都有精神了。下次我要跟著節氣開創我的味蕾與心，拜訪山裡的朋友、海邊的朋友、田中央的朋友、果園的朋友，及跟著節氣過日子的大朋友、小朋友。

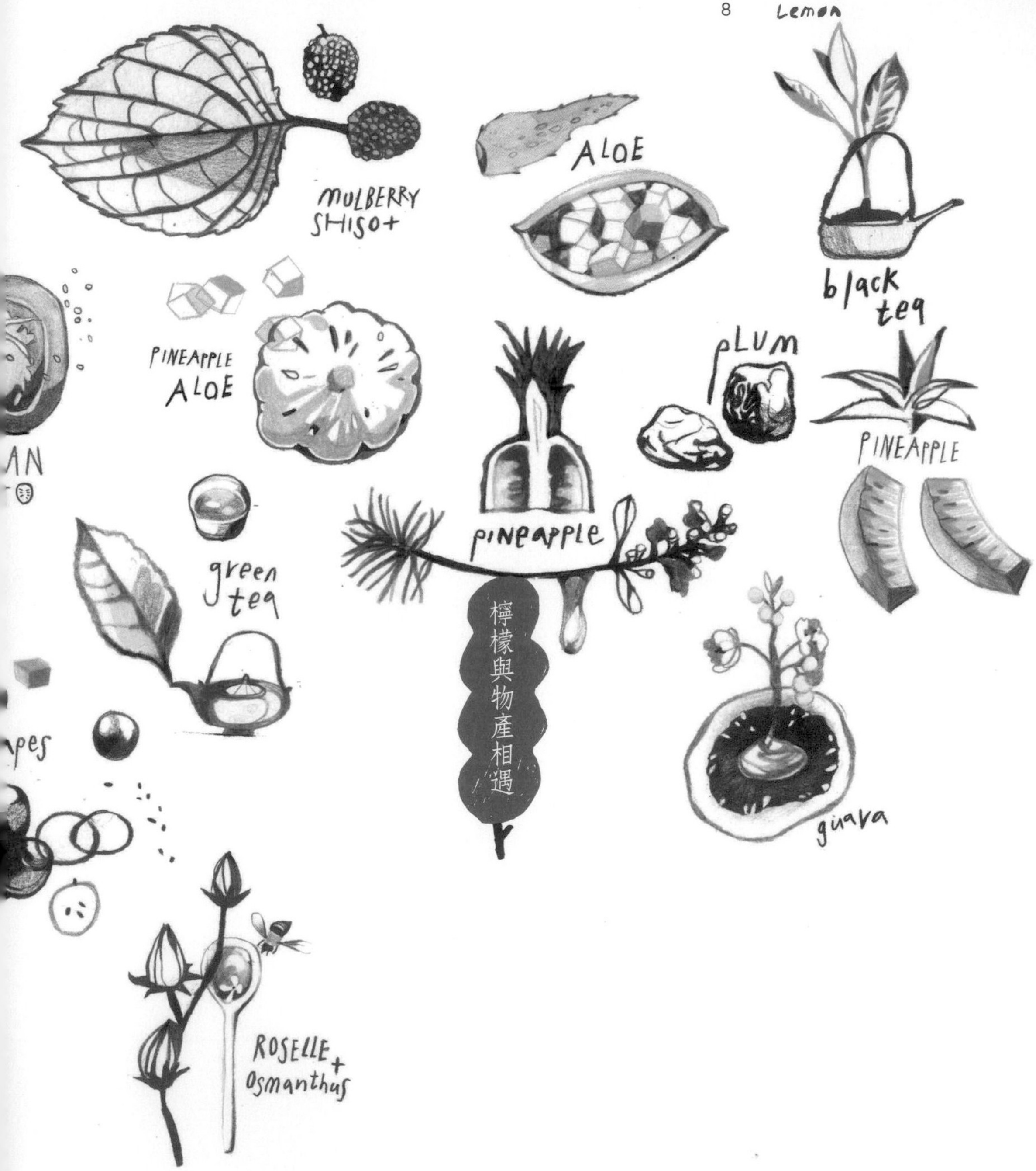
Lemon
MULBERRY
SHISO+
ALOE
black
tea
PINEAPPLE
ALOE
pLUM
PINEAPPLE
pineapple
green
tea
檸檬與物產相遇
guava
ROSELLE+
Osmanthus

【推薦序】

我們相信，在潛意識中
愛和進食是被連結的，食物是傳遞愛的工具

我們真正需要的是愛的循環

長期以來，一直在探索愛與美的循環
循環，是最自然的運作
生命最美的循環，必定從內在開始出發

不只有體內到體外
更是產地到產品的良性循環

因為開發萃綠檸檬這個品牌
我們團隊遍尋台灣的安全好檸檬
最終與屏科大農學院產學合作
堅持無糖自然發酵

讓檸檬的營養價值提升
透過轉機為酵素，更利人體吸收

我們尊敬每一個在這塊土地上實作的栽種之人
願安全良食真正成為愛的循環

種籽節氣飲食食材研究事務所對檸檬飲食學的觀察與創發令人感動
願上帝祝福我們手所作的工

萃綠檸檬

LiLy

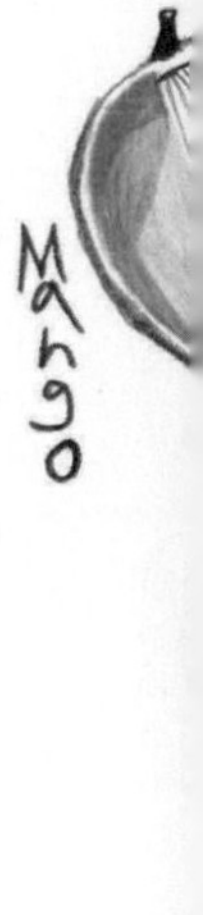

世界性的檸檬

不斷地轉著、端視著，檸檬似顆地球，我的目光好比陽光，逐一檢視它那微不平整的地表，檸檬真的散落在地球的各表面。它，無足而行走千萬里路，無翼而跨海飛越各大洲。

感覺很西洋的檸檬，相傳卻源自喜馬拉雅山東麓、緬甸北部、中國南邊一帶。儘管人類的航海、冒險、爭戰、掠奪，消消長長，檸檬卻悄然、無爭地建立起如今的版圖，不以甜蜜可口在水果中勝出，卻以維他命C、以酸技冠群雄。同樣的檸檬，世界各地有著不同的品種，台灣檸檬在量擠不上排名，綠翡翠，風格上卻很出眾。

【法國檸檬節】

法國有個檸檬節，每年二月在盛產檸檬的芒頓（Menton）鎮盛大舉行，以慶祝檸檬豐收。他們用豐富的想像力，以千萬個新鮮檸檬、柑橘，堆砌出一座座巨大的雕塑，展現他們的幽默與風趣，芒頓檸檬節每年都吸引數十萬人參加這場盛會。

【香港鹹檸七】

鹹檸七，就是鹹檸檬加上七喜汽水，這是香港人特有的飲料，約在九0年代許多茶餐廳開始推出盛行。鹹檸七是鹽漬的鹹檸檬加上七喜汽水而成，香港人咸信喝了可以緩解感冒及喉嚨不適。此外，還有凍檸茶也是源自香港的特有茶飲。

國　家	產　量（噸）
印度	2,629,200
墨西哥	1,891,400
阿根廷	1,113,380
中華人民共和國	1,058,105
巴西	1,020,350
美國	800,137
土耳其	787,063
伊朗	706,800
西班牙	578,200
義大利	522,377
世界	13,032,388

2010年

【泰國檸檬魚】

泰國三面環海，海鮮豐產，同時盛產香料。由於氣候濕熱，使得飲食特色在酸、甜、辣中複雜多變，以刺激食慾。香茅、南姜、咖哩等香料以及盛產的檸檬、紅蔥頭、小辣椒，加上魚露、蝦醬、椰奶等佐料，讓泰國料理成為世界美食。

【義大利檸檬酒】

檸檬酒稱得上是義大利的國民酒，酒色呈黃色、味甜且有濃厚的檸檬香味，是用檸檬皮、酒精、水與蔗糖釀成。檸檬皮傳統上使用的是義大利索倫托(sorrento)品種檸檬，檸檬酒也在世界各地流行開來，因它有強烈的檸檬香味，卻沒有檸檬的酸與苦，是非常受歡迎的雞尾酒調酒。

【墨西哥檸檬啤酒】

墨西哥是世界重要檸檬產國，飲食上受古印第安文化的影響，以酸辣重口味令人印象鮮明。而世界各地的啤酒中，獨墨西哥產的corona啤酒，飲者都會在瓶口塞上一片萊姆或檸檬，此舉讓這瓶啤酒風格獨特，有了墨式喝法。

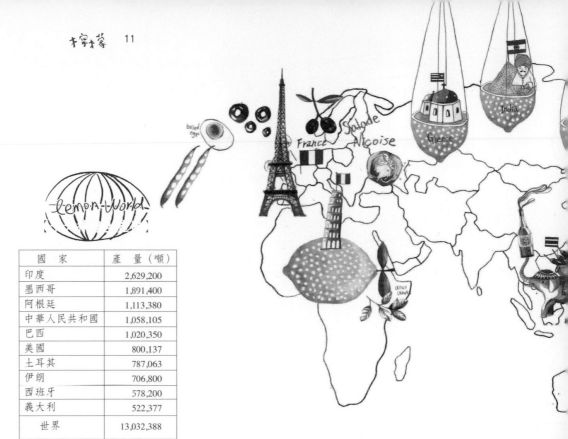

多才多藝的檸檬

【好好吃】

【瘦身】

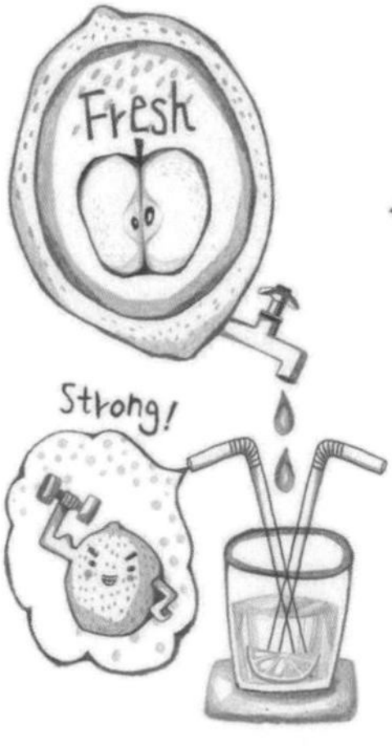

【提高免疫力】

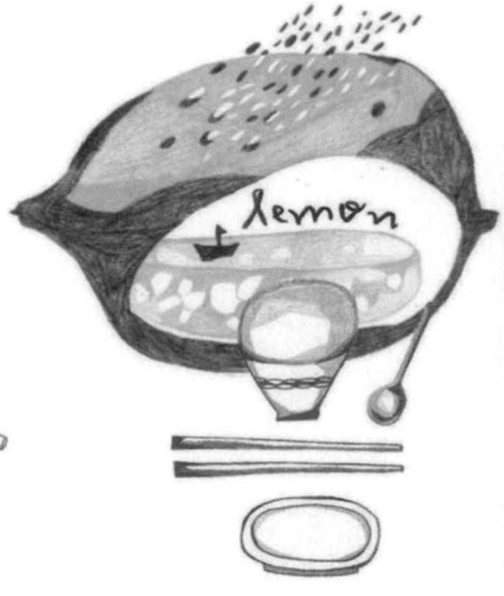

【去腥】

全能×萬用

為蔬果農產，辦一場才藝競賽
比賽結果，應該不難預料
檸檬必定名列前茅
有人封它是全能果
我們說它像萬用刀
信手拈來，都是一番功用
料理上，它有畫龍點睛之效
飲料裡，檸檬酸與香不可或缺
清潔上，去污除垢、去腥除臭
醫療上，鎮咳祛痰解感冒，食療勝過藥
美容上，促進代謝、抗氧化、解暗沉
一顆檸檬，許多問題迎刃而解

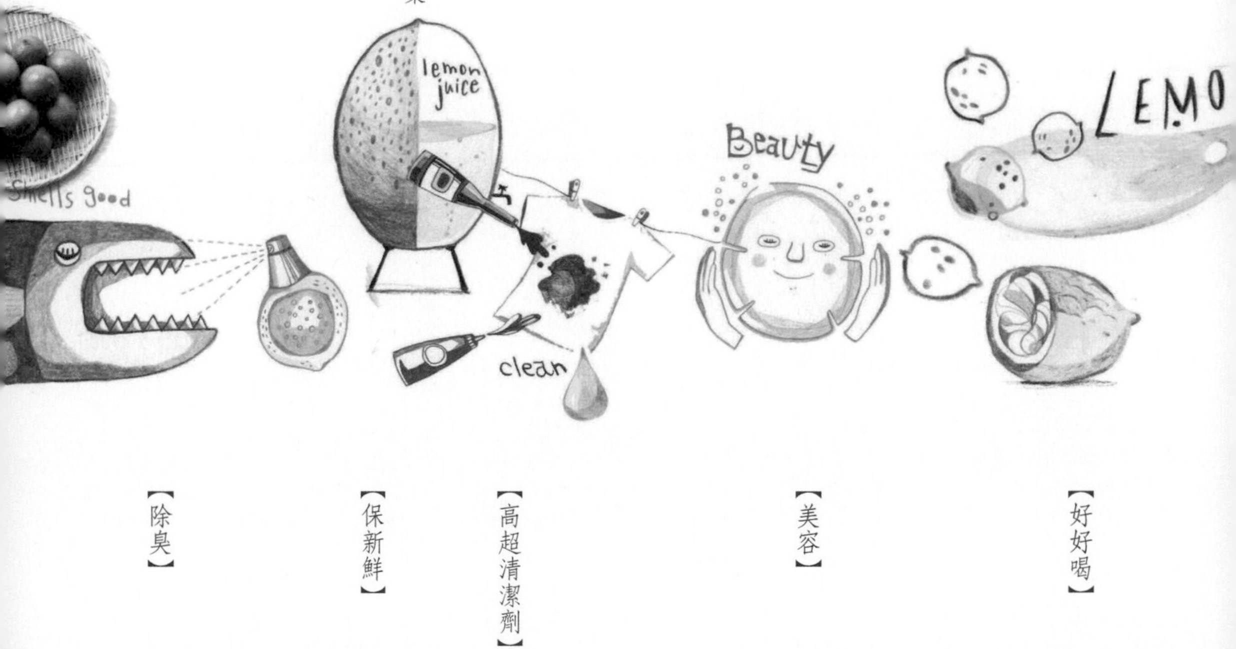

【好好喝】【美容】【高超清潔劑】【保新鮮】【除臭】

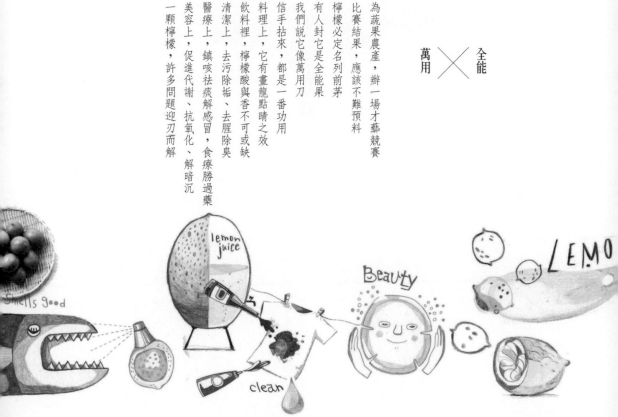

一頁檸檬史

一般認為，檸檬源起於印南、緬北與中國交界一帶，它的親本應是枸櫞與苦橙雜交而來。枸櫞又叫香櫞，皮粗厚帶芳香、汁少、味苦，早是猶太人住棚節必備的植物；而苦橙又名酸橙，早在古希臘時代便用做芳香療法的殺菌劑以及植物療法裡提煉精油。

約莫在公元7世紀左右，檸檬已被引進波斯、伊拉克、埃及等地，因此不少學者專家則以印度、巴基斯坦一帶為檸檬的原產地。

經過了兩次重要歷史事件，一是11世紀間的十字軍東征，在發現檸檬後將它帶入歐洲；又一次哥倫布航海，再將檸檬由歐洲傳往美洲；而西班牙人對世界的征服行動中，也促使了檸檬在世界分佈更廣，而台灣檸檬則約在19、20世紀間，從美國傳進。

【檸檬生態】

優力卡檸檬，從美國引進，是國際市場上主要的檸檬。果色金黃色，美觀芳香，營養豐富，是鮮食、加工、香料、醫藥和食品工業及美容品的原料。而在台灣則因環境氣候，同樣品種卻是綠色，無法變黃。

【檸檬樹】

一、以嫁接繁殖，長勢旺，開坑種植後3年即有小量試產，第4年正式投產。

二、長勢旺，一年多次開花結果，以春、夏花結果為主。

三、栽培管理

①土壤管理，增加土壤有機質為主，間作綠肥。

②整形修剪自然開心形樹冠。

③肥水管理，深翻改土，增施肥，乾旱補水，雨季注意排水。

三、保花保果

四、病蟲害防治病

①流膠病是優力卡檸檬主要病害，會危害主枝及主幹，植株感病後流膠，輕者樹勢衰退損及花果，重者全株死亡。

②柑桔潰瘍病

為害葉片，枝條及果實等部位病害嚴重時，造成葉片大量脫落，使樹勢衰弱。在檸檬則以危害果實居多，讓表面木栓化更甚，外觀變得粗糙。

蟲

① 柑桔刺粉蝨

俗名柑桔蝨　若蟲吸食葉片汁液，誘發媒病，阻礙光合作用造成樹勢衰退。

② 桔粉介殼蟲

俗稱白龜神　檸檬園中以桔粉介殼蟲較為常見，危害會導致落果或影響檸檬果實品質。

③ 柑桔　蜱

是造成檸檬象皮病主因被害部位因油囊被破壞，油分流出及失去水分，造成被害檸檬果實呈銀白色或灰白色光澤，俗稱象皮病，影響果品風味。

④ 柑桔星天牛

俗名牛角蟲、水牛公、鑽木蟲等　每年清明過後為雌雄成蟲天牛交配盛期，產卵於檸檬近土表之主幹基部及枝幹部位。孵化幼蟲時蛀食皮層，潛入木質部導致樹幹穿孔，影響植株水分、養分傳輸。

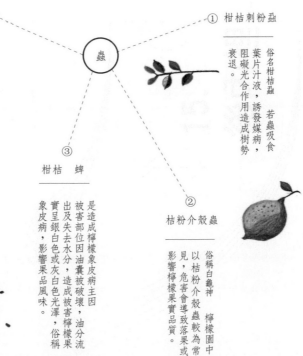

檸檬的養成

學　名	CITRUS LIMON
英文名	LEMON
別　名	黎檬子、宜母子、藥果、檬子 裏木子、夢子、檸果、宜母果

檸檬品種

邦尼布雷 Bonnie Brae	果皮較薄，無籽，表皮光滑，形狀呈橢圓體，主要種植於美國。
優力卡 Eureka	周年開花結果的檸檬品種，台灣最普遍栽種的檸檬品種。
費米耐羅聖特雷莎 Femminello · Sorrento	原產於義大利，果皮中檸檬油的含量較高，是經常被用來製造檸檬酒的品種。
里斯本 Lisbon	苦檸檬中品質較好的一種，汁水多且酸度高，與優力卡類似、生長力旺盛且多產。
中國檸檬 Meyer lemon	檸檬與某種桔子或柑橘的雜交，英文名以前美國農業部部長費蘭克梅爾命名。中國檸檬酸度更低、皮薄且更耐霜凍。
萊姆 LIME	無籽，在台灣也有栽種，果皮黃綠色，一般稱它為無籽檸檬，而優力卡由於四季開花結果，人稱四季檸檬。不論是萊姆、檸檬在台灣由於氣候環境，無法讓果皮變黃，反而讓台灣綠色檸檬具特色與競爭力。

【形態】

芸香科柑橘屬，常綠小喬木，橢圓形葉，枝上帶刺；花為白色帶紫且香味，單生或3~6朵成總狀花序；果實為橢圓形柑果，外皮呈綠色、黃綠色或黃色，粗糙不光滑，皮薄、果肉極酸。

【栽培】

檸檬性喜高溫，24~34℃是生育適溫，栽培土質以土層深厚壤土或砂質壤土為佳，需排水、日照良好。

【氣候】

檸檬產於熱帶及亞熱帶地中海型氣候，性喜高溫，南北緯35度內範圍為適合產區。位處亞熱帶的台灣，四面環海，溫度、濕度、日照等條件適合檸檬生長，台灣主要在南部與中部栽種。

【花期與產期】

檸檬屬周年開花植物，成株幾乎全年均可開花結果，所以可以看到花果同株的現象。花後約6個月採果收成，12~2月開花者，6~8月採收；3~5月開花者，11~12月採收。台灣主要產期以7~1月盛產，3~5月淡產。

酸的力量

這酸，力量大
如果你不太喜歡酸，無妨
檸檬卻是營養學上的鹼性食物

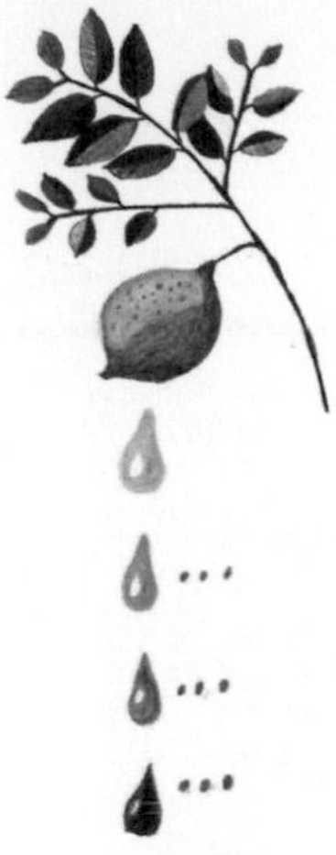

味覺上的酸，
並非生物化學上的酸

檸檬果汁裡高含5~6%檸檬酸
一種天然的防腐劑
生物代謝中有著大作用
感官味覺對食物有酸(sour)、甜、苦、辣、鹹
生物化學則酸(acidic)、鹼(basic)二分
一般而言
含硫、磷等非金屬性元素較多的動物性食物
多屬酸性食物
含鈉、鉀、鈣、鎂等金屬元素較多的植物性食物
多屬鹼性食物
原來此酸(sour)非彼酸(acidic)
只是中文裡傻傻分不清楚
食物之酸鹼，並非口味感覺
而是經過消化吸收、身體代謝的結果
產生磷酸根、硫酸根、氯離子較多，便呈酸
產生鈉離子、鉀離子、鎂離子、鈣離子較多，易呈鹼
這酸與鹼的力量有多大
端看你將它放在哪個天秤上

喜歡酵素

【喜歡】

喜歡不斷探究
卻難以明白的真理

這些近代以來人類的新發現、新名詞、新……
在生物生老病死的現象裡追根究柢
試圖找出那最初始的答案
答案不只在細微的細胞、微生物
而是更往裡探索的化合物質

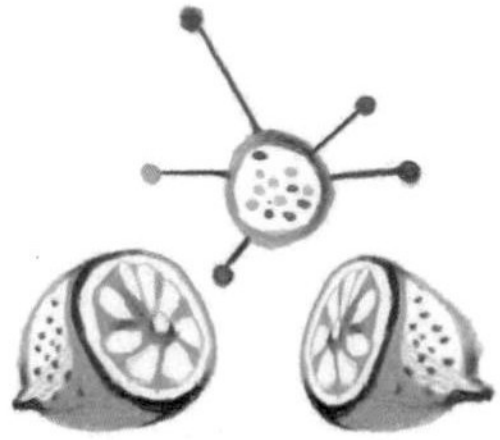

【喜歡】

喜歡在千奇百怪的的世界裡
付代價得到第一手的答案

有著這麼多人鑽著牛角尖
那何止是牛角尖而已
而是看不見、摸不著
但卻關乎人們健康不病的關鍵
自古至今，人們努力用著有限理解力鑽探著
古時候，那是求青春永駐、長老不老藥的煉丹術
今時代，資訊爆炸、科學發達、技術精密，答案更近

【喜歡】

喜歡日常的智慧與震懾性的陳義

還因這一股腦兒地研究與追尋
像在試著聽懂上帝的話語、理解造物者的心意
酵素，被稱做生命之光，第九大營養素、人體的發電機
我們活著，是因為這電力一直作用、驅動著
更奧妙的，充電就在日常飲食間

【我更喜歡了】

喜歡不只是烹與調的飲食學
還有食療、食補、食養····

在飲食料理上，多了一種角度與一把尺
在味道的匹配、口感的完美、文化的智慧之外
還可以想想補充酵素、調理體質、健康加分
酵素百千用，飲品中、料理裡
還可以再附加好多好多價值

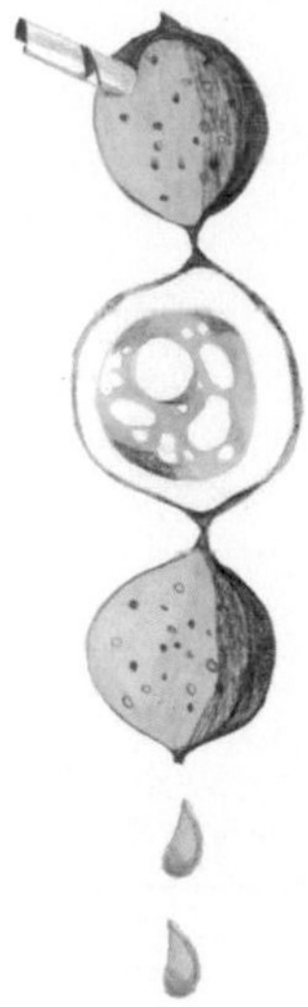

檸檬與美麗

「女人的幸福，是可以用新鮮檸檬購買得來的」
一語道出了檸檬與女人美麗的關係
美麗與健康其實有很多交集
健康主內、美麗主外
美麗是因健康而形於外的魅力指標
好像雞生蛋、蛋生雞
身體健康了，人自然美麗；人美麗了，自然更注重健康
說到美麗，女人要的不多
無非是明眸皓齒、皮膚白皙嫩彈，烏髮下還有張蘋果臉
身形輕盈曼妙，青春活力永遠用不完而已
這每一道都是長篇大論的課題
沒想到，眾多的Q中，A都可以用檸檬一勞永逸

【女性的水果】

《食物考》：「孕婦宜食，能安胎。」《粵語》：「檸檬，宜母子，味極酸，孕婦肝虛嗜之，故曰宜母。當熟時，人家競買以多藏而經歲久為尚，汁可代醋。」

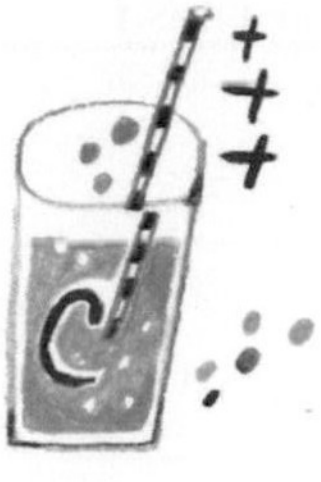

【保持記憶力】

檸檬具有抗氧化功效的水溶性維他命C，一天一杯檸檬汁有助於保持記憶力，是日常生活中隨手可得的健康食品。

【清毒調體質】

止咳、化痰、生津健脾，對人體血液循環、鈣質吸收大有助益，還能清毒、消除疲勞、增加免疫力、延緩老化、保持肌膚彈性。

【潔白牙齒】

檸檬有漂白作用，可潔白牙齒。以一小塊紗布，沾檸檬汁擦拭牙齒，還能兼清新口氣。

【去屑美白肌】

榨汁後的檸檬泡在水中，洗髮後用檸檬水沖洗髮絲，頭髮恢復光澤，平衡酸鹼去頭皮屑。檸檬榨後切片加入浴缸中，可以泡個半小時美白、除皺檸檬浴。

檸檬與健康

一顆檸檬一個營養天地
檸檬與維生素C，早早被連一起
攤開營養成分一覽表
沒有人不讚檸檬好
只是有深有淺、有繁有簡
健康，都在經過口腔之後
於是我將這特有的酸香
記憶為健康的味道

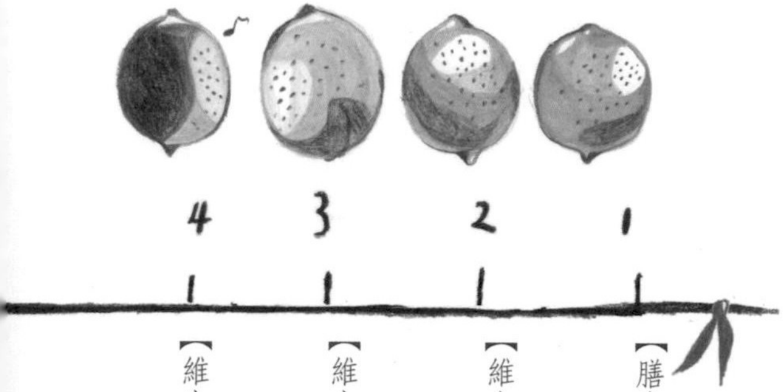

【膳食纖維】

促進腸道蠕動、增加飽足感，使糞便比較柔軟而易於排出。

【維生素A】

幫助視紫質的形成，使眼睛適應光線的變化，維持在黑暗光線下的視覺。保持上皮組織正常狀態的功能，維持皮膚及黏膜的健康。幫助牙齒和骨骼的生長及發育。

【維生素E】

減少細胞膜上多元不飽和脂肪酸的氧化。維持細胞膜的完整性。具有抗氧化作用。維持皮膚及血球細胞的健康。

【維生素C】

促進膠原的形成，構成細胞間質的成分。維持細胞排列的緊密性。參與體內氧化還原反應。維持體內結締組織、骨骼及牙齒的生長。促進鐵的吸收。

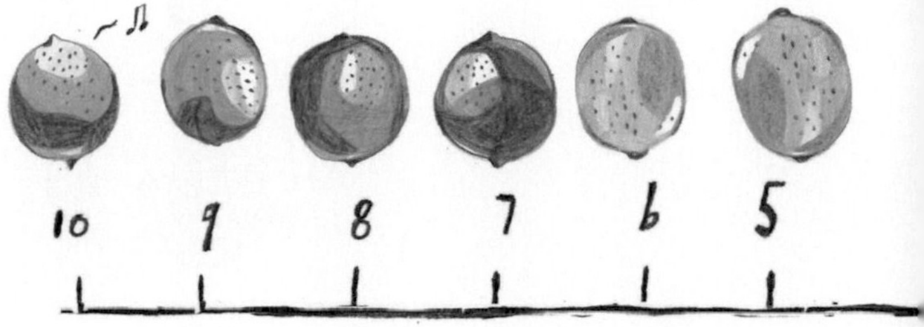

【維生素B1】
構成酶的一種成分，參與能量代謝。維持心臟、神經系統的功能。維持正常的食慾。

【維生素B2】
構成酶的一種成分，參與能量代謝。維持皮膚的健康。

【維生素B6】
構成酶的一種成分，參與胺基酸的代謝。紅血球中紫質的形成。幫助色胺酸轉變成菸鹼素。維持紅血球的正常大小。維持神經系統的健康。

【鈣】
構成牙齒與骨骼的主要成分，維持骨骼及牙齒的健康。維持心臟、肌肉正常收縮及神經的感應性。活化凝血酶元轉變為凝血酶，幫助血液凝固。控制細胞的通透性。

【鐵】
組成血紅素及肌紅素的成分。參與紅血球的形成。

【鋅】
為胰島素及多種酵素的成分。參與核酸及蛋白質合成。參與能量代謝。

每100g檸檬食物
營養值 3.5 oz

碳水化合物	9.32 g
膳食纖維	2.8 g
脂肪	0.30 g
飽和脂肪	0.039 g
蛋白質	1.10 g
水	89 g
維生素A equiv.	1 μg (0%)
- β-胡蘿蔔素	3 μg (0%)
硫胺（維生素B1）	0.040 mg (3%)
核黃素（維生素B2）	0.020 mg (1%)
煙酸（維生素B3）	0.100 mg (1%)
泛酸（維生素B5）	0.190 mg (4%)
哆醇（維生素B6）	0.080 mg (6%)
葉酸（維生素B9）	11 μg (3%)
維生素C	53.0 mg (88%)
維生素E	0.15 mg (1%)
鈣	26 mg (3%)
鐵	0.60 mg (5%)
鎂	8 mg (2%)
錳	0.030 mg (2%)
磷	16 mg (2%)
鉀	138 mg (3%)
鈉	2 mg (0%)
鋅	0.06 mg (1%)
灰分	0.30 g

來源：美國農業部營養資料庫，
()為每日攝取標準之百分比

立春

交節日國曆2/3-5

立春綠 日光青

過去

烏魚、烏金，是漁民的年終獎金
是梧棲漁人每個人的故事
謙卑的漁人，稱自己為討海人
意即乞求、討食
當世界走到魚線的盡頭

拿到食材時，我們更應該有的是
對土地、對節氣長河的敬畏之心

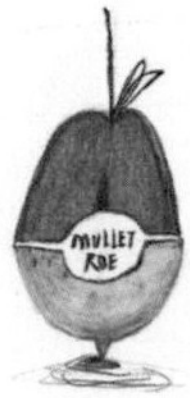

檸檬關鍵

烏魚學名爲鯔，好食泥土，棲於河口半鹹水中，產於溫帶或熱帶沿海烏魚子爲其卵，稍帶腥味
而檸檬是去腥高手，檸檬酸，可以把胺變成無揮發性的鹽，降低腥臭之味

「當檸檬遇到烏魚子」

近七十歲的莊富雄是收購野生烏魚的漁商之一
四十餘年烏魚子製作經驗
堅持買中部以北，沒有油臭味的魚
漁民都知道洄游到台灣中部的母魚
魚卵最飽滿，製成的烏魚子品質絕佳

辣味檸檬烏魚子義大利麵

食材《Ingredients

烏魚子	50克
天使義大利麵	200克
檸檬末	2顆
橄欖油	3湯匙
鹽	1/2小匙
朝天椒	1條圓薄片
高粱酒	1湯匙
冰塊	2杯

作法《Recipes

1» 烏魚子先浸泡高粱酒，再以瓦斯爐的明火烤上色使其散出香氣。放置室溫後切成末，成金沙。

2» 一鍋滾水加入鹽，再放入義大利麵，煮至彈牙，撈起置於冰塊水冰鎮。

3» 瀝乾冰鎮後的義大利麵，拌入橄欖油讓麵條油油亮亮。

4» 再拌入檸檬末、烏魚子末和辣椒片，使每一麵條都能沾附上脆綠、金黃和火紅。

5» 再以餐叉捲好塑型，盛盤。

立春

交節日國曆2/3-5

立春綠 日光青

立春必食 綠
立春必食 原味
立春必食 湯水
立春必食 養生菜

我相信，夢想，是可以吃的

檸檬關鍵

春屬木旺
春天，不宜吃太多酸
但乍暖時節，更需吸收抗感菜的精華
檸檬藏在柑橙的酸酸甜甜裡，剛剛好

「當檸檬遇到柑橙」

深綠色橙黃色蔬果相遇，維生素A慨然入袋

食物風土

[柑與橙]

椪柑、桶柑、美女柑、茂谷柑
海梨柑、黃肉柳丁、紅肉柳丁
橙含天然糖分、多纖維又低卡
水果性情裡，柑、橙寒涼
香氣清新

台灣以瓦崙西亞和柳丁栽培最廣。瓦崙西亞甜橙Valencia就是我們常在超市見到的那種從美國進口的香吉士，糖酸比高，而完全黃熟的土產柳丁皮薄汁多，果心結實，糖度約在12－13度，酸度比瓦倫西亞低，符合台灣人不喜歡酸的口味，所以栽種面積龐大。

檸檬土產柳丁鮮榨果子汁

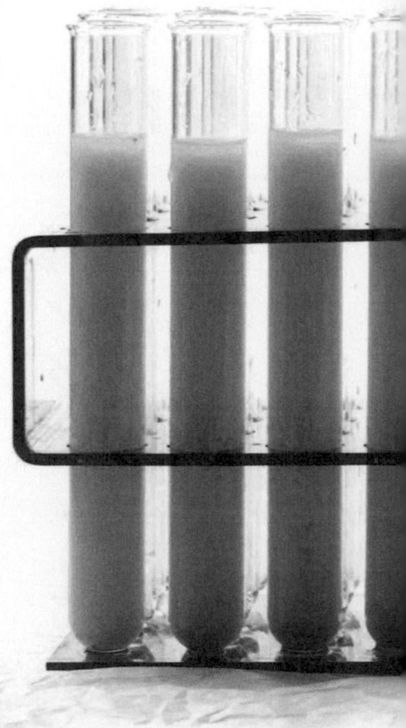

食材《*Ingredients*

檸檬酵素	80cc
檸檬汁	40cc
土產柳丁汁	10顆（其他柑橙亦然）
蜂蜜	2湯匙
冰塊	1杯
生飲水	適量

作法《*Recipes*

1» 將食材1-3置於一玻璃容器，用湯匙攪動。

2» 加入冰塊後，依自己的喜好酌量加入生飲水和蜂蜜調味。

雨水

交節日國曆2/18-20

雨水清　春生碧

在農業裡，節氣，是土地的心跳
在農業裡，節氣，是農人的篤實

正月的中氣
雨水挹注了草木萌動勃發
這是春天的甜度

檸檬關鍵

來自山區溪流中、上游的溪蝦，拌炸大量的三星日蔥
是正港的台灣味，檸檬的清新香氣可析油解膩

「當檸檬遇到青蔥」

食物風土

[正月蔥]

三星日蔥、北蔥、珠蔥

三星蔥就是細蔥類中的四季蔥

蔥白長、葉肉厚、纖維柔嫩

檸檬 蔥溪蝦

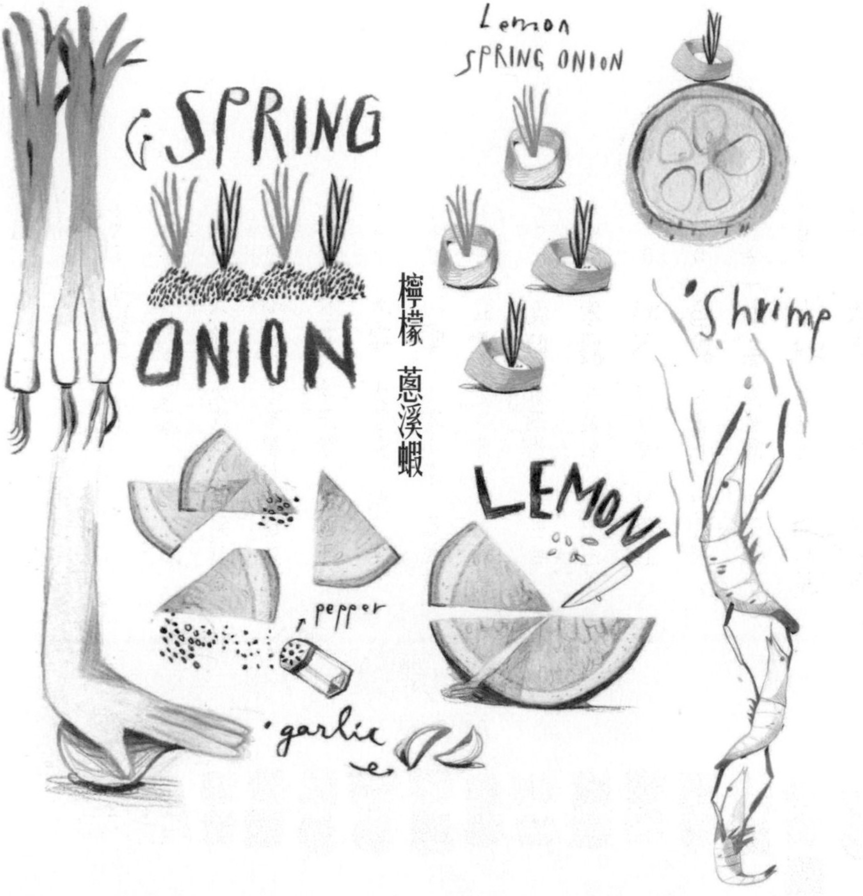

食材《Ingredients

溪蝦	1斤
檸檬	0.5顆（小薄片）
蔥	4枝(蔥花)
大蒜	5瓣(拍碎)
辣椒	1枝
胡椒鹽	適量

作法《Recipes

1» 起沸一鍋熱油，將溪蝦炸成橘紅色，撈起瀝乾。

2» 鍋內只留1大湯匙的油，煸香大蒜再拌入辣椒、蔥和溪蝦。

3» 最後起鍋前再拌入檸檬片和胡椒鹽。

雨水

交節日國曆2/18-20

雨水清 春生碧

關於土地
關於食物
關於安居
風土底力的美好秩序
是謂節氣生活
不淨不垢
就是溫良

延伸・貪吃貪學

當愛雲、妙滿遇到義廚王嘉平的糖漬萊姆

萊姆片成薄片後，去籽裝入真空袋
再加入與萊姆等重的砂糖(1：1)
並於袋中將糖與萊姆片充分混合攪動後直接真空處理
並靜置3小時(使之出水)
再將真空袋放入65.5—70度的水中煮3個小時
1個小時後可再取出攪動，後再放入水中繼續加熱2小時
取出後放涼就完成了

檸檬關鍵

清心的檸檬，雨水養生，少吃酸味，多吃甜味，以養脾臟之氣
糖漬檸檬薄片是隨時隨地、厚味酸甜沾裹苦甜的巧克力一口食
不只等於血液循環＋鈣，還有自家清香大然無敵

當檸檬遇到陳年的自己：糖漬檸檬片

【糖漬檸檬】

食材《Ingredients

檸檬	600g
鹽	50g
梅粉	50g/梅肉打成粉
冰糖	50g
甘草粉	5g
梅汁	50cc

作法《Recipes

1» 檸檬洗淨晾乾，切薄片加入50g鹽攪勻，放入冰箱冷藏1晚。

2» 隔天將鹽水倒出，拌入50g糖，冷藏4天，每天攪動一次。

3» 再加入梅粉、甘草粉、梅汁拌勻，放入冰箱冷藏4天，每天攪動一次。

4» 撈起檸檬片，瀝乾日曬1天，再放回醬汁靜置1晚，再撈起檸檬片日曬2-3天即可。冷藏保存，醬汁可放入冰箱泡水喝。

交節日國曆3/5-7

驚蟄草 生命綠

春雷，啓蟄
並帶來豐厚的雨水
生命得以潤澤
初綠如微笑

檸檬關鍵

蕃茄沙沙的延伸想法，讓香菜及辣椒特殊的味道，藉由檸檬與枇杷相處百搭可以是任何食物的沾醬，玉米脆餅更是不離不棄的好朋友

風土食物

[枇杷]

枇杷在秋末初冬開花，果子在春天至初夏成熟
被稱是果木中獨備四時之氣者
果實、花、葉、樹皮、根都具有極高的醫療價值
更是爸爸愛吃的水果

枇杷沙沙

「當檸檬遇到枇杷」

食材《Ingredients

枇杷丁	8顆
檸檬汁	1湯匙
洋蔥丁	2湯匙
大蒜末	1/4茶匙
辣椒絲	1/2茶匙
香菜	1茶匙
橄欖油	1茶匙
鹽和胡椒	適量

作法《Recipes

1» 將所有材料均勻拌在一起，等5分鐘入味後，就可以享用。

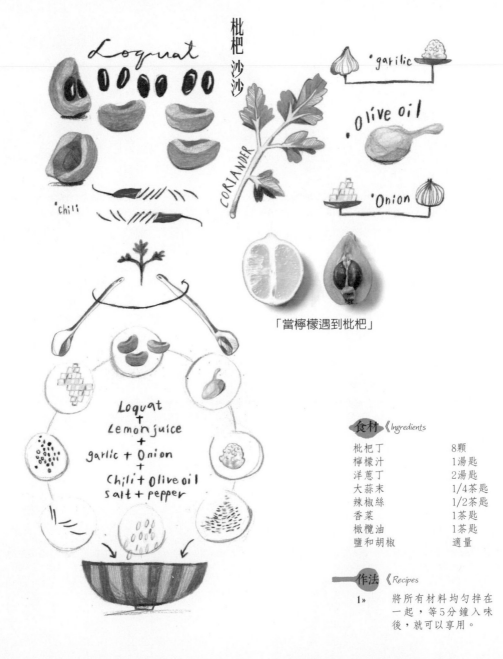

驚蟄

交節日國曆3/5-7

驚蟄草 生命緣

如實播種
如時摘取
如時烹煮
就是
跟著節氣過日子

食物風土

[紫蘇]

中國吃紫蘇的歷史已經超過一千年
驚蟄吃紫蘇
美在清甘，妙在清新
紫蘇可以說是梅子身上的味道

檸檬關鍵

變色好好玩，由淺褐色變紫紅色
檸檬汁愈多顏色變化愈明顯
加太多會太酸或搶了紫蘇的香氣，適量即可

紫蘇檸檬茶

可以跟孩子一起茶言觀色

食材《Ingredients

紫蘇	8片
檸檬酵素	20cc
檸檬汁	40cc
蜂蜜	40cc
開水	600cc
冰塊	2杯
檸檬片	4片

作法《Recipes

1» 取300cc的水加熱，放入紫蘇葉加熱5分鐘，冰鎮成紫蘇茶水。
2» 紫蘇茶水拌入檸檬酵素、檸檬汁和蜂蜜混勻。
3» 再加入水和冰塊，飲用時再放入檸檬片即可。

交節日國曆3/20-22

春分瓣 幸福粉

當Gastronomy=胃的法則
不只是飲食知識上，優秀的探索者
更是產地到餐桌發展的好先鋒

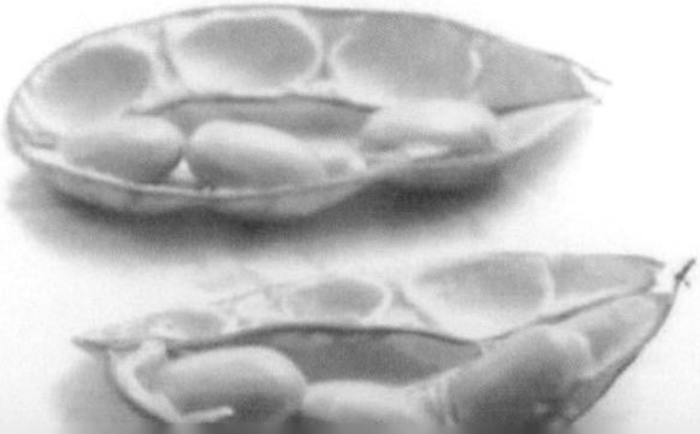

檸檬關鍵

提味不要只有醬，要有味

【台灣九號毛豆】

下半輩子，我想要跟高手在一起
沒有感情，成不了高手

舉例　台灣有很厲害的九號毛豆
號稱
里港的高雄九號毛豆品種，替台灣贏回世界級的光榮戰役
台灣蔬果外銷產值第一名
不只是品質、速度的冠軍，也是農業升級代表

舉例　舌尖上的中國裡討論的台灣烏魚子

舉例　台灣芒果冰入選亞洲十大美食

舉例　台灣的三星蔥
台灣的18號紅茶
台灣的黑柿蕃茄

舉例　茶山部落的讚美主也讚美豬

舉例　跟著節氣學吃酸，遍尋可敬的檸檬

青豆腸粉炸兩 佐檸檬油醋

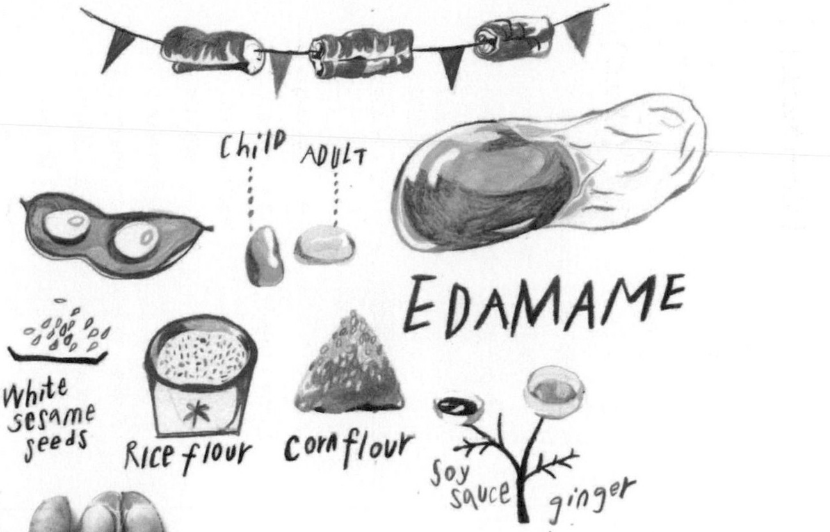

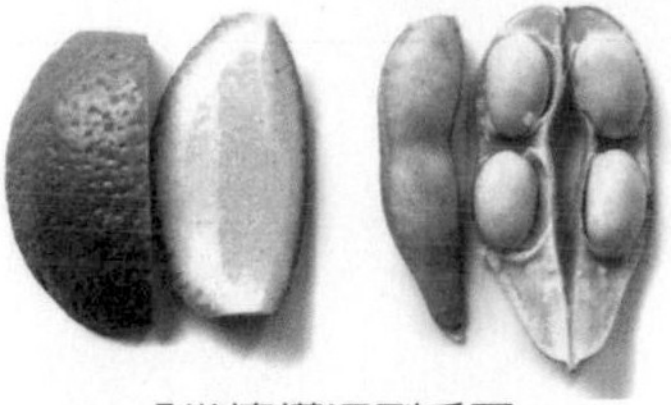

「當檸檬遇到毛豆」

食材《Ingredients

青豆	1/6杯(煮熟)
在來米粉	1/2杯
玉米粉	1/2湯匙
太白粉	1/2湯匙
沙拉油	1湯匙
鹽	1/4茶匙
油條	1條(切成一小段)
水	300cc

【醬汁】

醬油	10cc
薑汁	5cc
檸檬汁	5cc
香油	5cc
白芝麻	適量
糖	1/4茶匙

作法《Recipes

1» 先將青豆與水(200cc)用食物調理機攪打成無顆粒、流動狀的液態過篩，留下青汁。
2» 將食材2-6加入青汁和剩下的水，以打蛋器攪拌均勻，成青米糊，備用。
3» 取一可微波玻璃容器，均勻地倒入青米糊，微波1.5分鐘，製成腸粉皮，重複此步驟製作粉皮。
4» 將粉皮包上油條，再淋上醬汁即可。

【醬汁】

1» 將食材1-6混合均勻即完成。

春分

交節日國曆3/20-22

春分瓣 幸福粉

節氣裡溫良恭儉讓運行著
人與人之間的情感
人與土地間的連結
土地與食材間的相應
食材與食材間的搭配
食材於人之間的關係

食物風土

[甘蔗]

喜歡高溫的甘蔗是一個很有趣的作物
可以啃著吃、榨著喝、烤來解不適
正吃倒吃兩相宜

檸檬關鍵

直直直的甘蔗甜遇到圓圓圓的檸檬酸
不死甜是第一個層次，回甘是第二個層次

檸檬甘蔗汁

食材《Ingredients

檸檬酵素	20cc
檸檬汁	60cc
甘蔗汁	700
冰塊	1.5杯

作法《Recipes

1» 將食材1-3攪拌均勻。
2» 再加入冰塊即可飲用。

交節日國曆4/4-6

清明飄 柳葉新青

台灣人是無法山寨的
愛家
愛家人
愛吃
愛究竟
愛聽故事
愛講故事
清明時節 很明顯

檸檬關鍵

檸檬像蜜蜂，讓彩椒和節瓜變成好朋友，像媒人

食物風土

〔球型節瓜〕

來自烏來部落
台灣原味美貌老師親植的球型節瓜
比節瓜多汁
不像小黃瓜那麼脆，有Q的口感

烤彩色甜椒和球型節瓜 佐蜂蜜芥茉醬

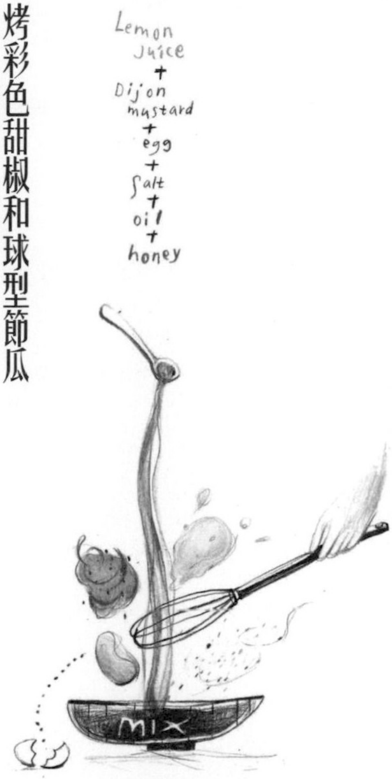

食材《Ingredients

紅甜椒	1顆切成8塊
黃甜椒	1顆切成8塊
球型節瓜	1顆切成6瓣
洋蔥	1顆切成6瓣
橄欖油	1湯匙

【蜂蜜芥茉醬】

蛋黃	1顆
檸檬酵素	15cc
檸檬汁	20cc
橄欖油	240cc
法式芥茉醬	1茶匙
蜂蜜	1/2茶匙
鹽	適量

作法《Recipes

1» 將蛋黃、檸檬汁、檸檬酵素、法式芥茉醬和鹽，以打蛋器攪打均勻。
2» 一邊順同一方向攪打，一邊滴入橄欖油，至絲綢狀般光滑再調入蜂蜜，成鵝黃色的醬，備用。
3» 燒熱燒烤盤，並刷上油，只需把蔬菜往烤盤烙上烤痕，並淋上蜂蜜芥茉醬即可食用。

交節日國曆4/4-6

清明

清明飄　柳葉新青

近兒童節近兒童
童心萬歲
老小都是一樣的

「當檸檬遇到梅子」

［青梅］

大青、桃形梅、萬山、山連、野生梅

清明節前人工採收的較好，或較青的梅子，約6分熟

循客家古法醃漬

因為加了辣椒

甜酸苦辣的體驗明明白白

當檸檬遇到客家漬：漬青檸梅子

食材《Ingredients

梅子	1.5斤
檸檬片	2顆
鹽	200克
糖	450克
辣椒切片	2條

作法《Recipes

1» 梅子和100克的鹽搓去表面絨毛。
2» 用搥子，敲打每一顆梅子，使有裂痕，但梅子還是維持完整。
3» 鹽100克加水成鹽水，鹽水要蓋過梅子，靜置8小時。
4» 靜置8小時的梅子洗淨，在水龍頭下，以流動的水，再泡製3小時。
5» 150克的糖煮成糖水，放涼備用，需準備3份。
6» 泡製後的梅子晾乾，再加入糖水靜置24小時，糖水要蓋過梅子。
7» 已靜置24小時的梅子，需將酸澀水倒掉，再加入另一新糖水，再靜置24小時。
8» 經過24小時後，再將酸澀水倒掉，最後加入糖水、檸檬和辣椒封上蓋子，冰於冷藏，再等1星期就可以盡情享用。

穀雨

交節日國曆4/19-21

穀雨豆　愛笑墨綠

土膏脈動
桑樹、茶葉、浮萍
魚和蝦
原來都是春天最後的心跳

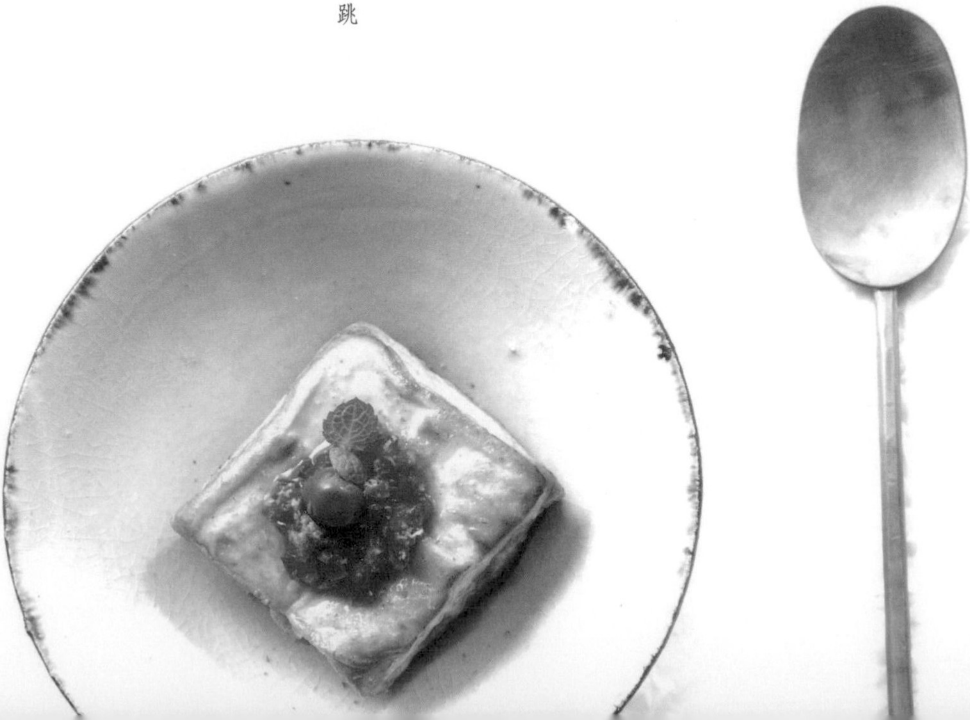

檸檬關鍵

把慣性裡的酸豆換成破布子
是妙滿的慧心

因爲破布子的臭香
需要檸檬的拔擢
搭著蕃茄憨厚酸和檸檬厲害的酸
檸檬是不折不扣綠手指

「當檸檬遇到黑柿番茄」

［黑柿蕃茄］

台灣人從小吃到大的本土種黑柿蕃茄
沉沉的綠
便是穀雨的代表色愛笑墨綠

香煎手作豆腐 佐蕃茄破布子醬

食材《Ingredients

手作豆腐	2塊
黑柿蕃茄	2顆(去籽切小丁)
破布子泥	4湯匙
大蒜	1瓣泥
橄欖油	200cc
檸檬汁	10cc
檸檬酵素	5cc
檸檬末	1/2茶匙
鹽	適量

作法《Recipes

1» 除了豆腐和檸檬末之外，將所有材料混合均勻，靜置備用。

2» 豆腐十字對切成4小塊，以不沾鍋細心煎成金黃6面乾乾香香。

3» 食用時蘸上醬再撒上檸檬末。

穀雨

交節日國曆4/19-21

穀雨豆　愛笑墨綠

雨生百穀
食補好
動補更好
茶農在穀雨前後開始趕忙採摘春茶

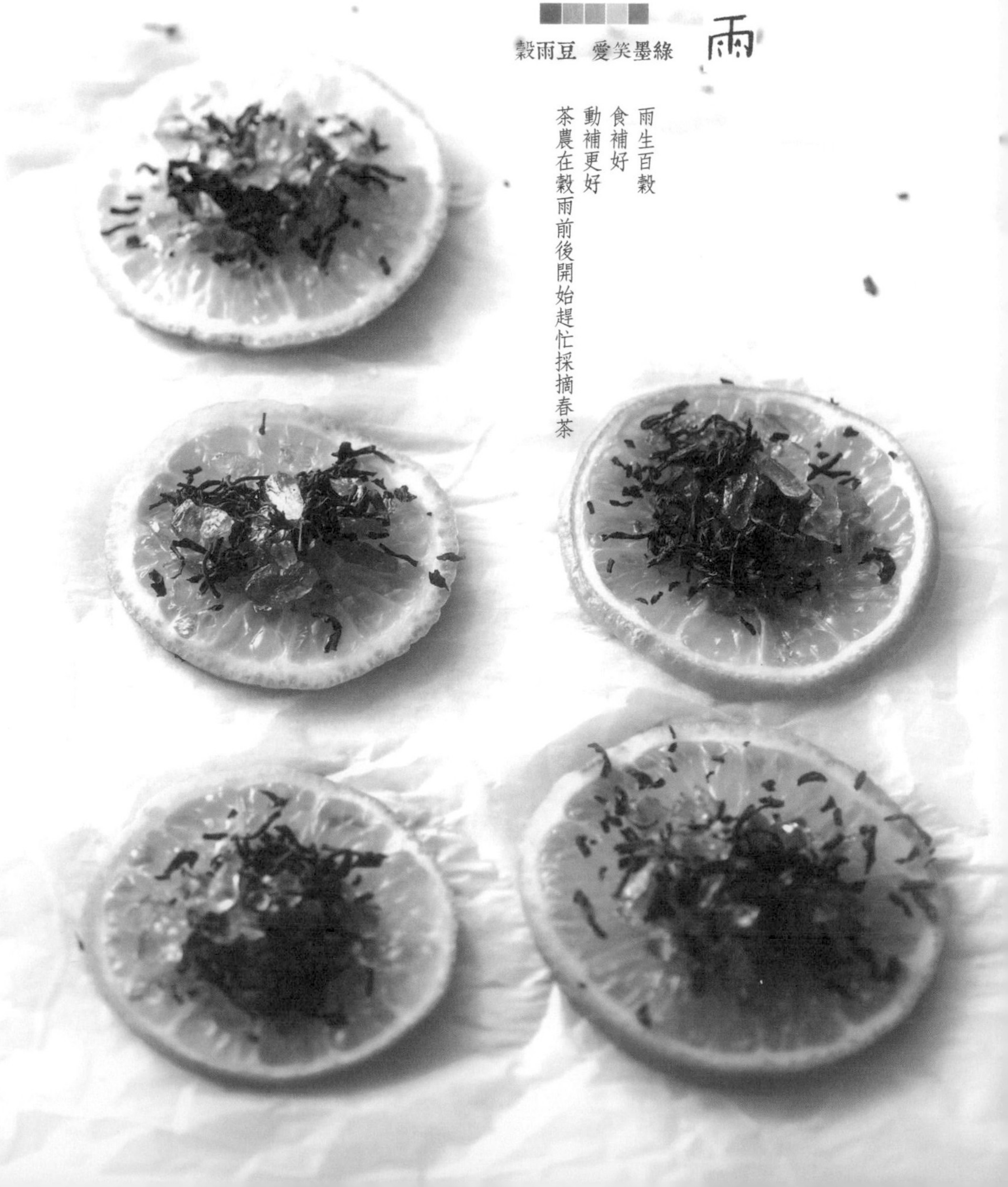

[春天茶]

風土食物　春天茶
穀雨新鮮摘採
清麗一如初心
奉送的是一整個春天的勞動美學

檸檬關鍵

檸檬是載體，咀嚼酸
搭著冰糖，和著茶香
茶葉乾的會帶苦
在口中檸檬可以回甘

檸檬茶片

食材《Ingredients

檸檬片	1顆
紅茶葉	1.5茶匙
原色冰糖	1.5茶匙

作法《Recipes

1» 以檸檬片為底，依序加冰糖和紅茶即可食用。

立夏

交節日國曆5/5-7

立夏得穗 天空很藍

五月天
貼近土地找答案
大家都在認真長大

檸檬關鍵

飛牛牧場施董爺爺的新鮮起司
第三天最好吃
第七天，生命終了

檸檬皮加香草　骨肉相連

[新鮮起司]

2006年，飛牛牧場率先引進全球乳脂率與乳蛋白比率最高
品種源自英吉利海峽的娟姍乳牛Jersey
娟姍牛乳是冰淇淋、奶油、起司的上乘乳源
因此，牧場自建了乳品加工廠，建立起完整的產線
讓一杯好牛奶，從養牛開始一直到客人口裡的食物里程
這是活到老、追求到老的一門「牛奶學」

油漬香料起司

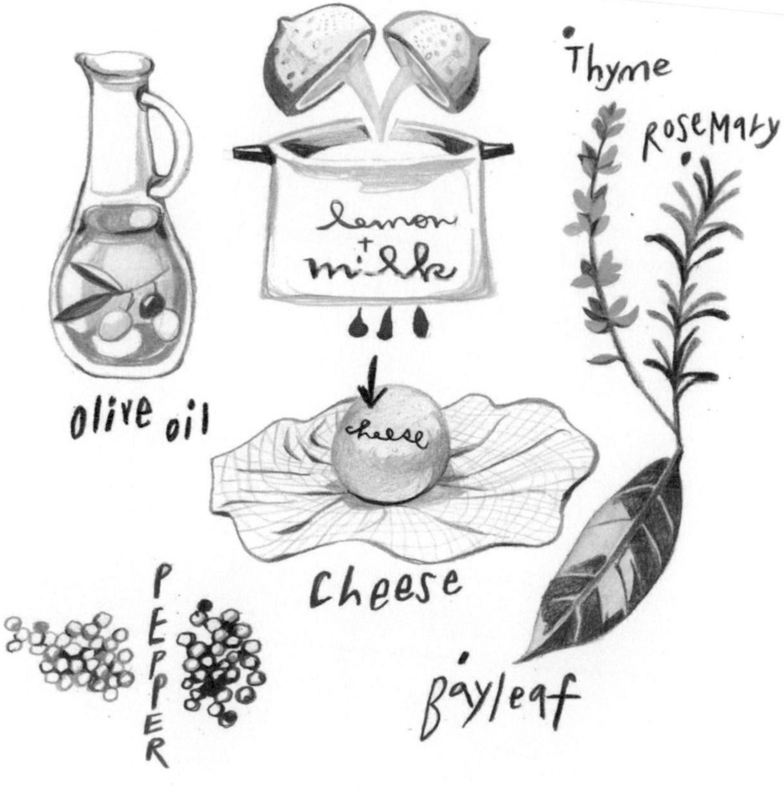

食材《Ingredients

新鮮軟質起司	1杯
橄欖油	2杯
月桂葉	2片
黑胡椒粒	1/4茶匙
白胡椒粒	1/4茶匙
迷迭香	1枝
百里香	1枝

作法《Recipes

1» 除了橄欖油外，所有材料置於玻璃容器內。
2» 將橄欖油慢慢倒入油封，冷藏1星期後可享用。
3» 起司可和麵包或沙拉搭配。

立夏

交節日國曆5/5-7

立夏得穗 天空很藍

五月五立夏
有梔子花開的香氣

物產齊步興盛
田間無閒人

朗朗的晴空萬里

黃經45度的光線
淨熟些櫻桃、桑椹、青梅、李子
原來，酸酸甜甜是成長必經的滋味

檸檬關鍵

檸檬讓馬齒莧的青草生味
轉換成割過草皮的清新味

「台南七股網紋洋香瓜」

11~6月產，以台南安南、七股及雲林崙背最富盛名

果皮較厚，果肉有橙有綠、肉質柔軟

種瓜得瓜

綜觀外形、顏色、果肉質地、香氣或糖度

在欉紅的每顆瓜都好吃

馬齒莧、香瓜和檸檬現榨汁

「當檸檬遇到香瓜」

食材《Ingredients

馬齒莧	2杯
香瓜丁	2杯
檸檬汁	40cc
檸檬酵素	20cc
薑汁	20cc
開水	1杯

作法《Recipes

1» 所有材料置於果汁機，攪打均勻即可飲用。

小滿

交節日國曆5/20-22

小得盈滿　日黃熟

心思小滿
意念小滿
五分熟的日頭
剛剛好

相濡以茶以粥以康乃馨
都是大地的美意
為叫人放心去愛

檸檬關鍵

檸檬不在嗎？
檸檬在嗎？
眞正的存有不在於盤根錯節
在於動搖根本

[筊白筍]

水性
身體內90%的水份
埔里盛產
儼然地貌的一部份
除了中秋節烤一烤
讓我們集體釋放對筊白筍料理的想像力吧

茭白筍細麵佐　蘆筍醬

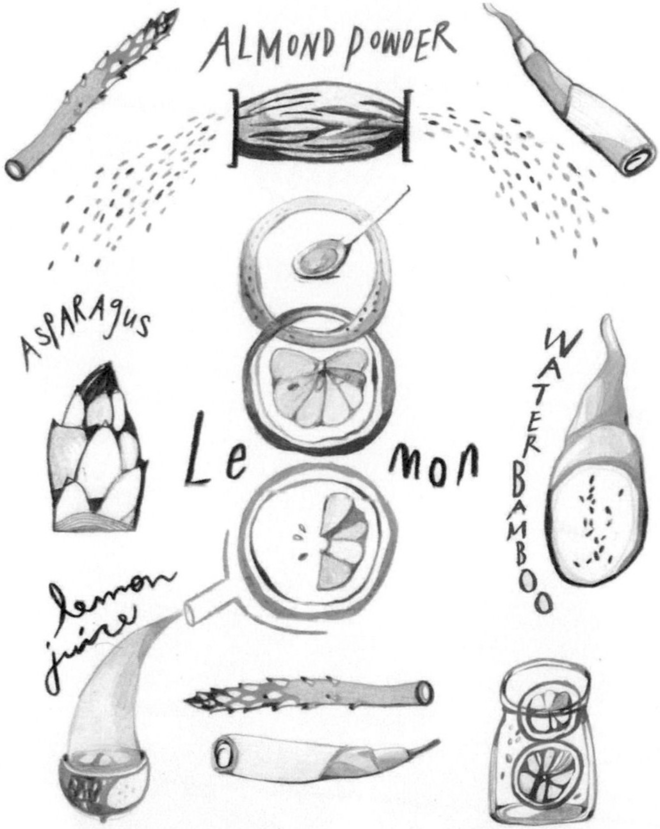

「當檸檬遇到茭白筍」

食材《Ingredients

茭白筍	10根
黃豆芽	1/2杯
小黃瓜絲	1條
蘆筍	100克
杏仁粉	20克
檸檬汁	10cc
糖漬檸檬片	3片
橄欖油	10cc

作法《Recipes

1» 茭白筍煮熟冰鎮，用白蘿蔔刨絲器，刨成麵條狀冷藏備用。

2» 豆芽菜過熱水汆燙，小黃瓜切絲，備用。

3» 蘆筍煮熟加檸檬汁、橄欖油和杏仁粉，以食物調理機打成漿狀。

4» 再加入糖漬檸檬片的果肉部拌勻，以鹽調味成醬汁。

5» 食用時先把醬汁舖底，茭白筍細麵和豆芽菜拌一起，最上面加上小黃瓜絲即可食用。

交節日國曆5/20-22

小滿

小得盈滿 日黃熟

莊稼小滿是殷實的生活
是大自然教我們的

赤心赤足的童心需要打滾
喜歡突然被冒出來的
斯文豪氏攀蜥、莫氏樹蛙嚇一跳
注意，調音了！

我是第一把交椅
嘓~嘓~嘓~

檸檬桑椹果醬

［桑椹］

梧棲田中央陳媽媽的桑椹
純手工自種自摘，是私房保種的幸福感
適合家家熬煮成醬

果色初丹後紫，味厚於氣
短暫產期是勞動與收穫的記憶
喜歡喚它另一個名：桑實
60～100個瘦果聚合而成
相依為命極了

「當檸檬遇到桑椹」

食材《Ingredients

新鮮桑椹	900克
原色冰糖	250克
檸檬汁	2顆
鹽	1/8茶匙

作法《Recipes

1» 將新鮮桑椹小心洗淨，剪去蒂頭。
2» 食材3留一半，其餘食材全放入鍋內冷藏過1夜。
3» 將冷藏過1夜的食材煮開後，小火煮40分至湯汁濃稠。
4» 起鍋前拌入剩下的檸檬汁，再煮開，即可食用。

芒種

交節日國曆6/5-7

芒種端陽　快樂橘

稻子，準備好當爸爸
圓滾滾的芒果開始香

蟄伏十七年
奮起整個生命的蟬鳴
深深熱切而迷戀

每天用一盆午未時刻的陽光水
泡澡
夏天沒煩惱

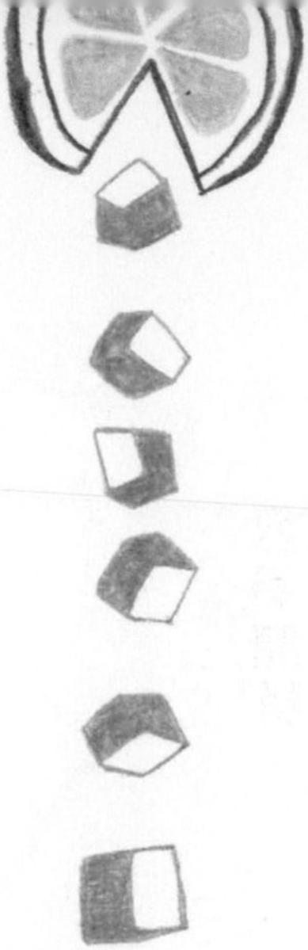

檸檬關鍵

檸檬找到香料朋友
酸辣芒果醬
就變身印度風格了

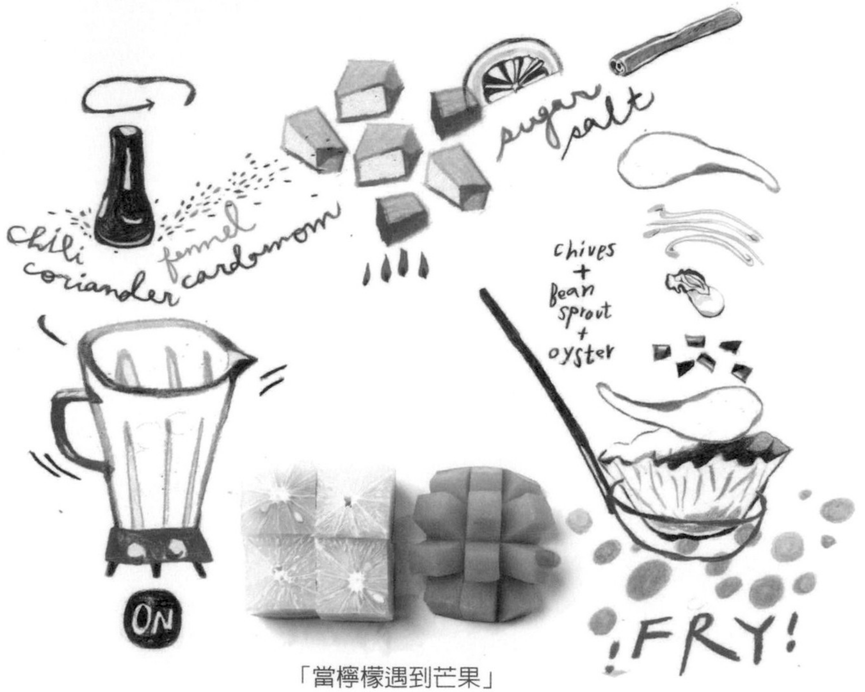

「當檸檬遇到芒果」

[芒果]

土檨仔、愛文、海頓、凱特、金煌、玉文、
聖心、臺農一、二號、黑香芒果

曾幾何時
芒果冰已是日本人來台必吃
更是亞洲十大美食
這就像是小時候的隔壁鄰居
猛然躍上星光大道
還拿了冠軍

芒果啊芒果

蚵嗲佐芒果酸甜醬

【芒果酸甜醬】

食材《Ingredients

芒果	400g
肉桂棒	1枝
大蒜	1瓣
香菜籽	1/2茶匙
茴香籽	1/2茶匙
小豆蔻	2個
薑泥	1/2茶匙
辣椒	1/4匙匙
糖	2湯匙
檸檬汁	30cc
鹽	少許

作法《Recipes

1» 將大蒜、香菜籽、茴香籽、小豆蔻、薑和辣椒，置於石缽中搗碎，成香料泥。
2» 將香料泥、肉桂棒和芒果丁置於醬汁鍋，再拌入糖、檸檬汁和鹽煮開後再煮20分。
3» 置於食物調理機攪打成泥狀，醬就好了，也可以再拌上新鮮芒果丁。

【蚵嗲】

食材《Ingredients

韭菜	50g
豆芽菜	50g
蚵	80g
檸檬末	1茶匙
麵粉	80g
黃豆粉	25g
在來米粉	50g
水	200cc

作法《Recipes

1» 將麵粉、黃豆粉和水拌成麵糊，備用。韭菜和豆芽菜切丁，兩者拌一起。
2» 以湯匙作為模型，包上錫箔紙，最底層為麵糊再鋪上韭菜和豆芽，再鋪上蚵撒上檸檬末，再鋪上韭菜和豆芽菜，最後再鋪上麵糊。
3» 起一油鍋，油熱後將做好的蚵嗲放入油鍋中炸熟，淋上酸甜醬即可食用。

芒種

交節日國曆6/5-7

芒種端陽 快樂橘

高度，已經到了竹竿第三節
田埂上，野菜充滿自信、蓬勃地長著
多麼愉悅啊！地土裡的躍動
是看不見的、樂樂不息的生命

聽說花開會有聲
聽說那聲音，是因為花喜歡上她的家

〔高雄大樹玉荷包荔枝〕

盛夏光年
妃子笑了
皮有多薄！
核粒有多小！
肉有多厚多細嫩！
汁有多多！
都計算在玉荷包的厲害之處！

檸檬關鍵

加一點檸檬，就會變成『夏日』

杏仁露、山粉圓、白木耳、荔枝和黑糖冰

食材《*Ingredients*

杏仁露	4塊
山粉圓	3湯匙
新鮮白木耳	150g
荔枝	4顆
黑糖	200g
碎冰	4碗
檸檬汁	1湯匙

作法《*Recipes*

1» 取一厚底鍋，少許黑糖鋪滿鍋底，開小火溶解，再加入水和剩下的糖煮開。糖溶解成黑糖水，放涼備用。
2» 以開水將山粉圓泡開，備用。
3» 在碗中鋪上冰，依序放上食材，最後淋上檸檬汁和黑糖水。

夏至

交節日國曆6/20-22

夏至荷 仙女紅

因為和夕陽
這生才相逢
總是將白晝 戀成最長的一日

檸檬關鍵

彷彿看不到檸檬
卻吃得到檸檬酸

檸檬的不解，與不解之緣
便是難分難解

[西瓜]

本省的大西瓜產業是世界第一位
有籽無籽都是大英雄
都是夏天的心跳
都是大地的喜悅

西瓜和鄉村起司沙拉

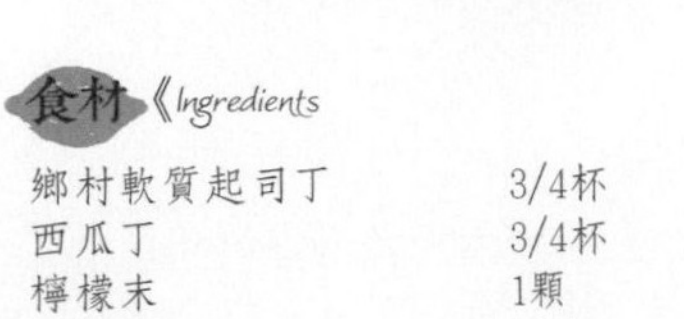

「當檸檬遇到西瓜」

食材《Ingredients

鄉村軟質起司丁	3/4杯
西瓜丁	3/4杯
檸檬末	1顆
羅勒葉	12片
檸檬汁	10cc
檸檬酵素	5cc
橄欖油	30cc
鹽	適量

作法《Recipes

1» 將食材5-8混合均勻成檸檬油醋，備用。

2» 以西瓜丁為底，依序疊上起司和蘿勒葉。

3» 所有食材都串好後，再撒上檸檬末，食用時再淋上油醋，串起義大利國旗的顏色。

夏至

交節日國曆6/20-22

夏至荷 仙女紅

草木青青
風颮出世

伊始
夏天吶喊
生命動起來

檸檬冬瓜茶

【冬瓜茶】

冬瓜茶與甘蔗汁、青草茶，堪稱台灣
三大古早冰飲
是喝了一百年的手工古法釀造
是清涼了一百年的沁夏帖
傳統飲食可以成為行銷全球的利器

檸檬關鍵

檸檬中和了的甜度
是心安理得大口暢飲的部分

食材《Ingredients

冬瓜塊	100g
檸檬酵素	20cc
檸檬汁	40cc
水	650cc
冰塊	1杯

作法《Recipes

1» 將冬瓜塊加水煮開，煮至冬瓜塊煮化開成冬瓜茶，放涼備用。

2» 冬瓜茶拌入檸檬酵素和檸檬汁，最後再加入冰塊，很消暑。

小暑

交節日國曆7/6-8

小暑知了　童年綠

兒童是成人之父
默默然
當地球的利益＝下一代的利益
我們要像那年夏天般專注的創作

檸檬關鍵

檸檬，不就只是檸檬？
檸檬，不只是檸檬？

不消幾滴
生津
提鮮

不只自己清香
更澤披周遭

「當檸檬遇到葡萄」

食物風土

［葡萄］

食材是美味的第一道靈魂

道地便是地糧

香煎石斑魚片 佐 香辣綠紫蘇葡萄醬

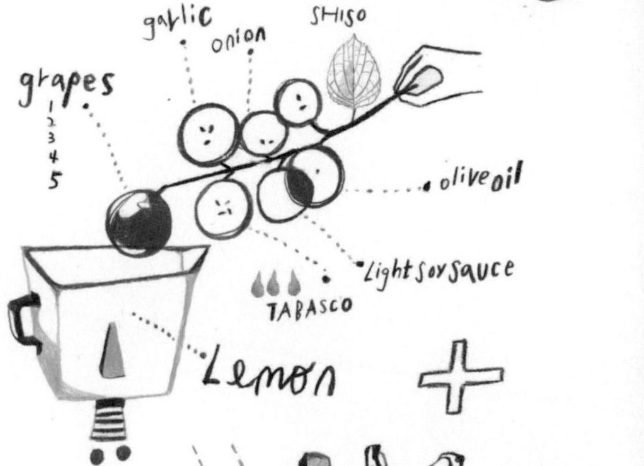

食材《Ingredients

石斑魚片	1片(鹽和胡椒醃漬)
綠紫蘇葉	3片切末
洋蔥末	1茶匙
大蒜末	1瓣
綠色的墨西哥辣醬tabasco	3滴
白醬油	5cc
葡萄	6顆泥狀
檸檬汁	5cc
檸檬酵素	5cc
橄欖油	10cc
剝皮辣椒	1根
葡萄	3顆切片

作法《Recipes

1» 食材2-10充分攪拌均勻成醬料，備用。
2» 將石斑魚煎至金黃。
3» 食用時佐以醬料及剝皮辣椒，以及切片的新鮮葡萄。

小暑

交節日國曆7/6-8

小暑知了 童年綠

童年的聲音是知了
童年的味道是愛玉
童年的顏色是檸檬

食物風土

[愛玉]

野生愛玉是台灣特有的山地植物
戳壓愛玉子的漸變是陳諾最愛的DIY

檸檬關鍵

雖說愛玉和檸檬是正港的好麻吉
但也要舊瓶新裝

檸檬手感愛玉 加 檸檬雪波

食材《Ingredients

愛玉子	20g
冷開水	1000cc
檸檬酵素	10cc
檸檬汁	50cc
冷開水	500cc
糖	3湯匙

作法《Recipes

1» 愛玉子裝於紗布袋，束口，置於容器內，在冷開水中搓揉至果膠釋出。靜置冷藏，成固態狀，即愛玉凍。

2» 檸檬酵素、檸檬汁和糖先攪拌溶解，加入冷開水拌勻。放置冷凍，待成固體狀，用叉子刮鬆繼續冷凍，每隔1小時重複用叉子刮鬆至少五次以上。

3» 先將愛玉凍切成小塊鋪底，上面再挖一球檸檬雪波即可食用。

大暑

交節日國曆7/22-24

大暑熱　星光寶藍

小暑大暑無君子
平靜安舒
惟在星光燦爛處

檸檬關鍵

檸檬汁＋蛋黃＋橄欖油製出美乃滋
北部說美乃滋，南部說白醋
比起原來的味道，是甜的

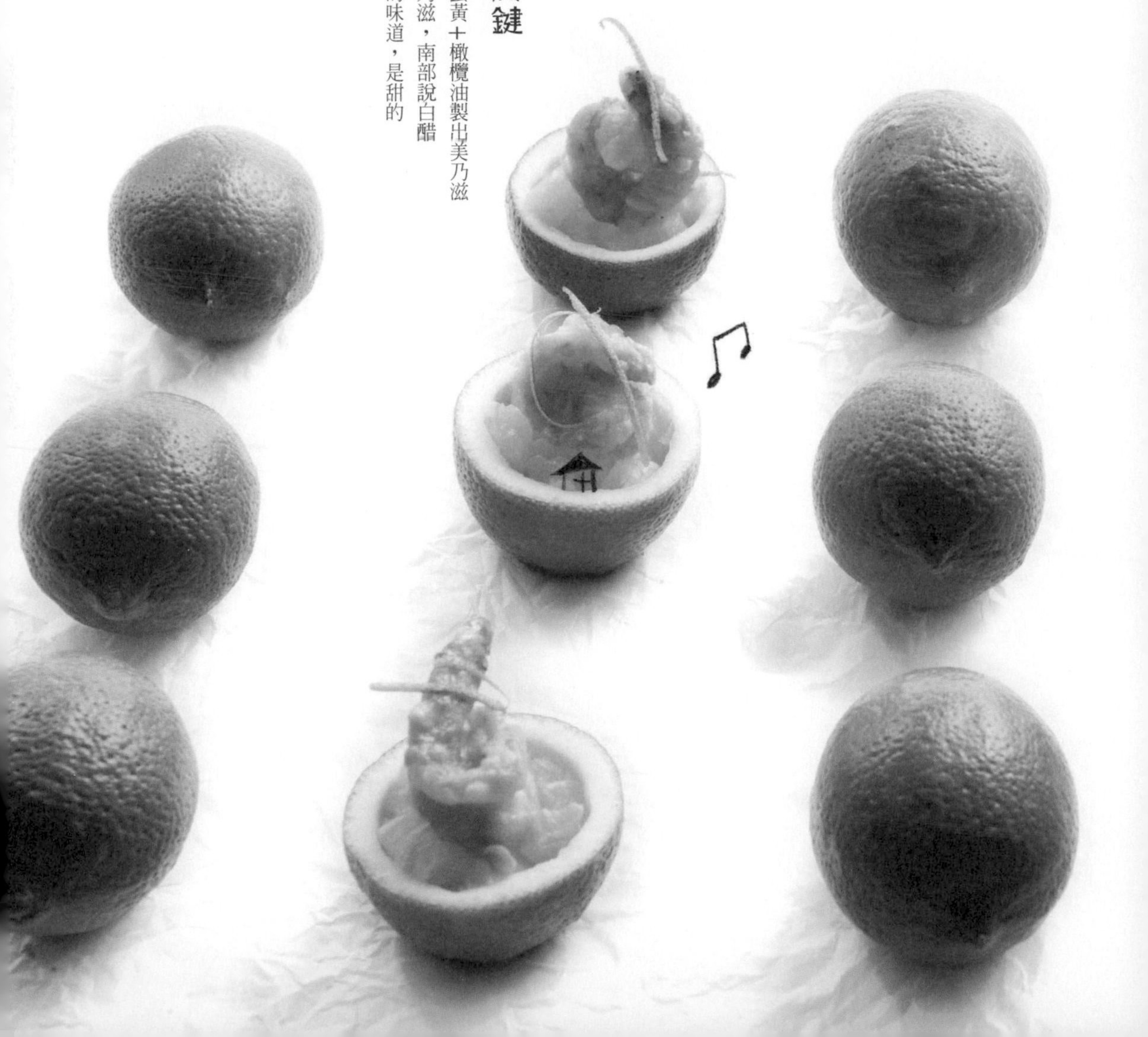

「當檸檬遇到鳳梨」

「台南關廟台農17金鑽鳳梨」

看起來沒有路
走出來
便是路的代表

產地到產品特快車
讓台農3號因土鳳梨酥加持而酸出美好價值

強農興邦
超過50%的種植數量，讓台農17號鳳梨依仍如太陽般迷人

鳳梨蝦球

食材《Ingredients

鳳梨片	24片
大草蝦仁	12尾
檸檬片	12片
橄欖油	1湯匙

【美乃滋】

檸檬汁	20cc
檸檬酵素	15cc
橄欖油	180cc
蛋黃	1顆
鹽	1/8茶匙
糖	2/3茶匙

作法《Recipes

1» 蛋黃加入糖，以打蛋器順同一方向攪打。
2» 分批加入檸檬汁，打勻再加入鹽。
3» 橄欖油分批加入，成絲綢狀後備用。
4» 蝦仁以橄欖油先煎熟，再加入美乃滋和鳳梨片，在鍋內迅速拌勻，使每個蝦仁都能沾附上美乃滋。
5» 盛盤再以檸檬片做裝飾，好吃的甜甜台式口味。

大暑

交節日國曆7/22-24

大暑熱 星光寶藍

大暑要熱透，才有好年冬

吐納芬芳的

一直是從起初就不斷朝內注視的那朵花

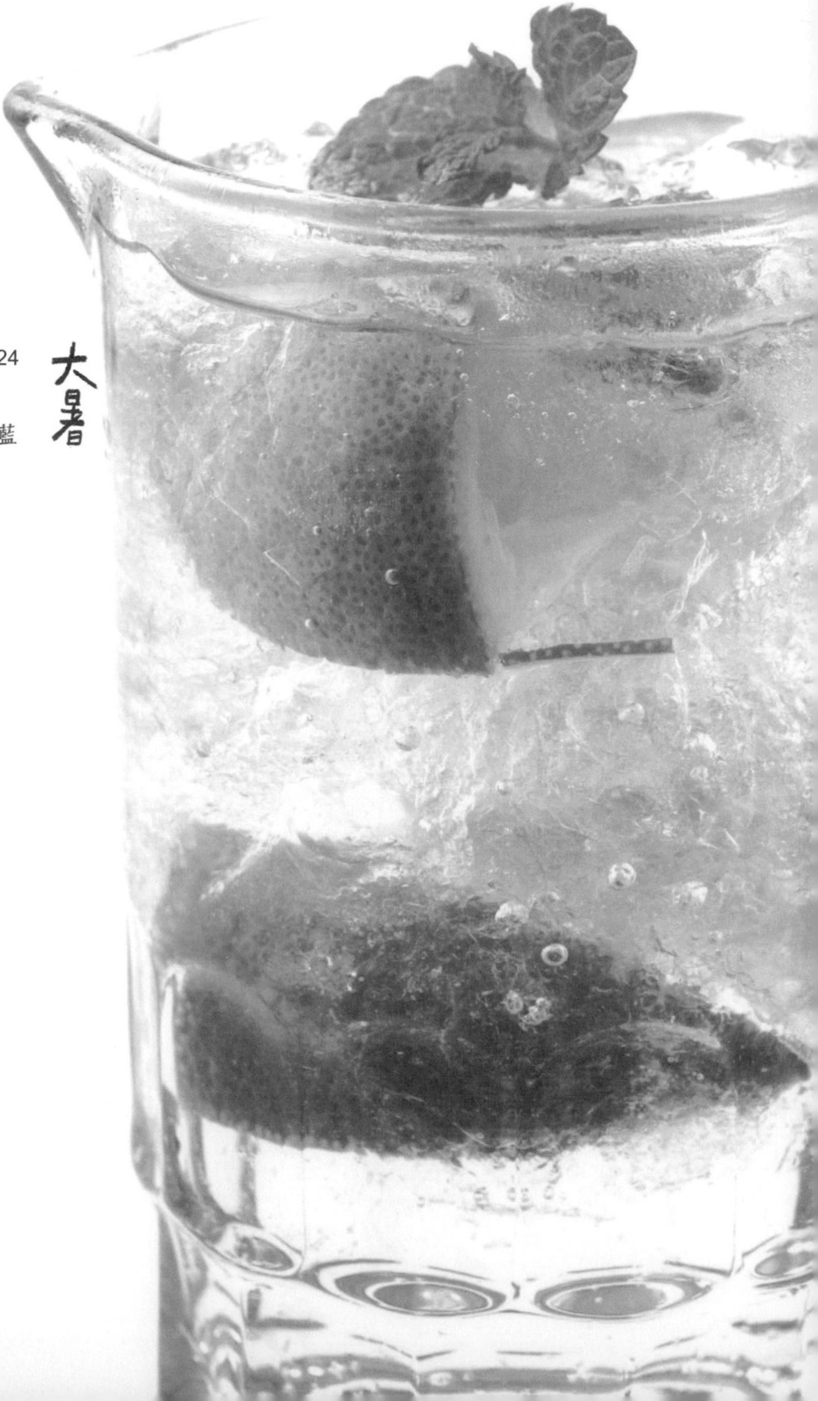

檸檬關鍵

最原始的古巴配方，是使用留蘭香或古巴島上常見的檸檬薄荷是食物的移民，是一場檸檬挑大樑的主戲

當檸檬遇到萊姆酒：古巴Mojito

因為海明威喜歡而流行

食材《Ingredients

檸檬汁	40cc
檸檬酵素	10cc
檸檬角	2顆1切4
七喜	1罐
萊姆酒	40cc
薄荷葉	20片
碎冰	2杯
糖	1湯匙
冰開水	150cc

作法《Recipes

1» 將檸檬角放入杯子，用木棒搗出汁和檸檬香氣。
2» 加入薄荷葉也搗出香氣，再加入檸檬汁和糖攪拌溶解。
3» 倒入七喜和萊姆酒，最後補上冰塊。
4» 再以薄荷葉作裝飾。

立秋

交節日國曆8/7-9

立秋乞巧 靦腆桃

七月七
在此夜抬頭
便會遇見愛情

當夏天要去北方
冬天要去南方
天空不斷幫助我們感知與月娘相會時的深淺和界限

檸檬關鍵

妙滿金句：

檸檬就像海賊王一樣，讓不一樣特質的人成爲team，一起愉快的工作

星星（秋葵）、月亮（皮蛋）、太陽（桔醬）

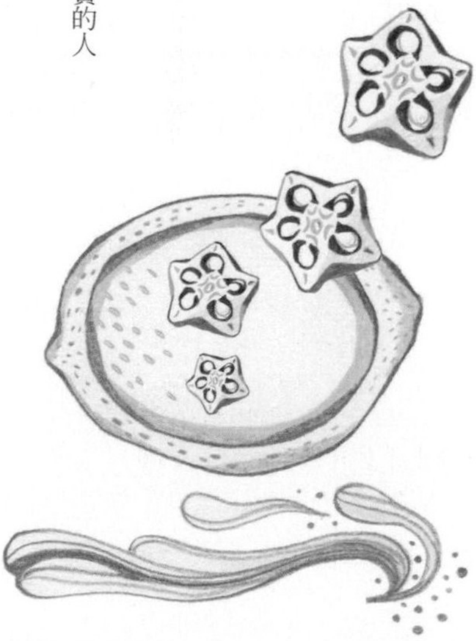

「當檸檬遇到秋葵遇到馬告」

風土食物

「宜蘭三星上將梨」

秋葵是當之無愧的保健蔬菜
遇上梨中極品宜蘭三星上將梨
梨，真是一種美味得很含蓄的水果

秋葵、鵪鶉蛋和三星梨 佐 客家桔醬

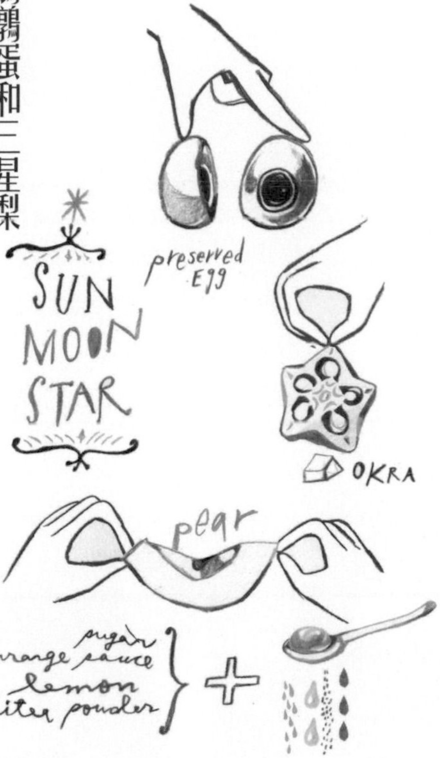

食材《Ingredients

秋葵	8根
鵪鶉蛋皮蛋	4顆
三星梨	1顆
客家桔醬	1/2湯匙
檸檬酵素	5cc
檸檬汁	15cc
馬告粉	1/8茶匙
糖	1/2茶匙
檸檬小丁	1/4茶匙
高湯	1/2茶匙

作法《Recipes

1» 秋葵煮熟冰鎮，備用。
2» 梨切成小口，泡於檸檬水備用。
3» 鵪鶉蛋皮蛋去殼對切。
4» 食材4-10混合均勻，製成醬汁。
5» 食用時可以蘸或淋上醬。

立秋

交節日國曆8/7-9

立秋乞巧 靦腆桃

秋，揪
秋，就
秋，摯

立秋即為萬物就成之時

［火龍果］

吃得到蘭花香氣
沒有草腥之氣

檸檬關鍵

紫紅色火龍果滿足了視覺
檸檬擴張了味覺
此外
火龍果果肉容易褐化，亦可先灑上檸檬汁，防止變色

檸檬火龍果鮮榨汁

食材《Ingredients

紅肉火龍果	1顆切塊
檸檬汁	40cc
檸檬酵素	20cc
蜂蜜	40cc
冰塊	1杯
冷開水	400cc

作法《Recipes

1» 將所有材料放入冰砂機中攪打至均勻，即可飲用。

處暑

交節日國曆8/22-24

處暑虎　刀子紅

在食材散步道路上往返練習
喜歡在家泡、炒、燒、煮、涼拌、煨、炖
相信沒有全家一起吃飯，就沒有餐桌上的奇蹟

四季的土地，轉換成一碗一碟，一菜一湯
感受得到種植的淵源、學理的淵源、故事的淵源
料理的淵源、創作的淵源
這就是節氣飲食

因為我們熱愛的不只是食物
更是隨意冶遊的美好家園
與生生不息的大自然眷戀

喜歡有廚房、食物、家人、朋友、大樹和新鮮食蔬的地方
喜歡做菜給家人吃，喜歡好味道，喜歡和良食農夫做朋友的你

檸檬關鍵

檸檬
可以頑皮地讓吃肉如吃菜般愉悅

[香草]

香草在甜點中的重要性，就如鹽在料理上的地位

香草在料理中的重要性，就如微笑在人生的地位

迷迭香烤牛小排肉串

食材《Ingredients

牛小排丁	300克
迷迭香	8枝
蛋黃	1顆
檸檬汁	80cc
鹽	適量
胡椒	適量
橄欖油	1杯
大蒜末	1瓣
甜椒小丁	1湯匙

作法《Recipes

1» 將食材3-6混勻，慢慢加入橄欖油攪打，油乳化成美乃滋，最後拌入材料8和9成香堤伊醬(chantilly)，備用。

2» 將牛肉丁以迷迭香串成串。

3» 以一熱鍋將牛肉串的四面煎上色，蘸或淋醬食用。

處暑

交節日國曆8/22-24

處暑虎　刀子紅

飲食是生活的總和
用時間長出好秧芽，活出小日子
一方面享受自己所喜愛的
專業工作成就與榮譽
一方面可以在乾淨無毒的
土地上親手栽種食蔬
感謝神

食風土物

[茄]

拿到食材時，應該有的是，對土地的敬畏之心
我愛吃茄子
鹹香辣一次可以完全到位

中東茄泥沾醬

「當檸檬遇到茄」

檸檬關鍵

巧妙的補上了酸這個覺

食材《Ingredients

茄子	3條/烤好去皮、切丁
大蒜末	3瓣
茴香粉	1/8茶匙
芝麻醬	1.5湯匙
檸檬汁	1/2茶匙
鹽	適量
橄欖油	1茶匙
匈亞利紅椒粉	1/8茶匙
茴香葉	適量

作法《Recipes

1» 除了紅椒粉和茴香葉以外，所有的食材置於食物料理機打成smooth，製成醬。

2» 最後在醬上撒上橄欖油、紅椒粉和茴香葉作裝飾。

白露

交節日國曆9/7-9

白露月　桂香黃

八月十五
月亮會陪每一個人回家
這是我們最美麗的夜空季節
秋為稿紙
風為五線譜
落葉是大地散落的音符
桂花，美得讓人不敢用力呼吸

檸檬關鍵

凝香，檸檬加香菜和辣椒
泰式口味，還有，一定要加魚露

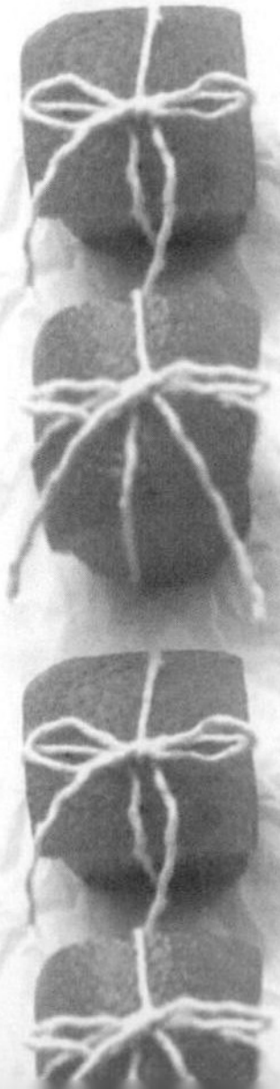

「當檸檬遇到文旦」

「台灣麻豆老欉文旦」

秋天的水果代表
豐盈柚汁
陪伴我們一起仰望月娘

花枝拌文旦沙拉

食材《Ingredients

花枝	1隻切片
文旦柚	1顆剝成一小口
柚五花	1塊切片
芹菜	3枝切段
洋蔥	1/5顆切絲
香菜	2枝切碎
辣椒	1枝切片
大蒜	2瓣末
魚露	2湯匙
檸檬酵素	5cc
檸檬汁	2湯匙
糖	1湯匙
薑片	2片
蔥段	1枝

作法《Recipes

1» 將魚露、檸檬酵素、檸檬汁和糖攪拌均勻，再加入大蒜、辣椒備用。

2» 起一鍋熱水加入薑片和蔥段，水滾放入花枝，花枝轉變成白色馬上撈起冰鎮，冰鎮後瀝乾，備用。

3» 將文旦、柚五花、芹菜、洋蔥絲和煮好的花枝拌一起，最後淋上醬汁，撒上香菜馬上置身天使之城。

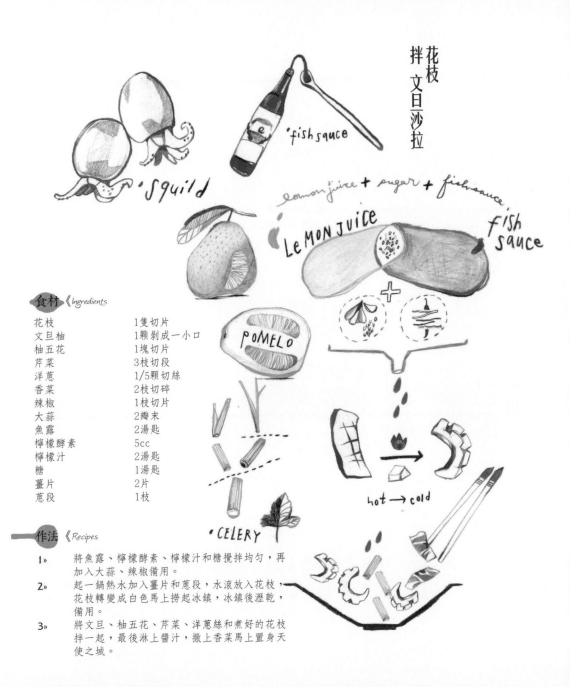

白露

交節日國曆9/7-9

白露月 桂香黃

秋屬金
金色白，露凝而白
月是故鄉明
露白的

風土食物

〔小葉種紅茶〕

蜜香紅茶，小葉種紅茶
外形條索緊結尖細
含有白毫芽尖，色澤油黑
湯色朱紅艷麗
香氣清雅具甘醇蜜味

檸檬關鍵

檸檬和蜂蜜手牽手
聯手釋放茶湯的宿命，逆了齡

檸檬小葉種蜜茶

食材《Ingredients

小葉種蜜茶	15g
檸檬酵素	20cc
檸檬汁	40cc
蜂蜜	50cc
冰塊	2杯
水	250cc

作法《Recipes

1» 茶葉置滾熱的水煮3分鐘，至茶色顯出，瀝乾茶葉後，馬上冰鎮成茶水。
2» 將茶水、檸檬酵素、檸檬汁和蜂蜜攪勻，置於冰砂機攪打即可飲用。

交節日國曆9/22-24

秋分蟹　柿子紅

遠山晴更多
楓紅　芒白
柿紅　露白
蟹紅　雙白
鬱鬱蒼蒼的身世感中足了一生

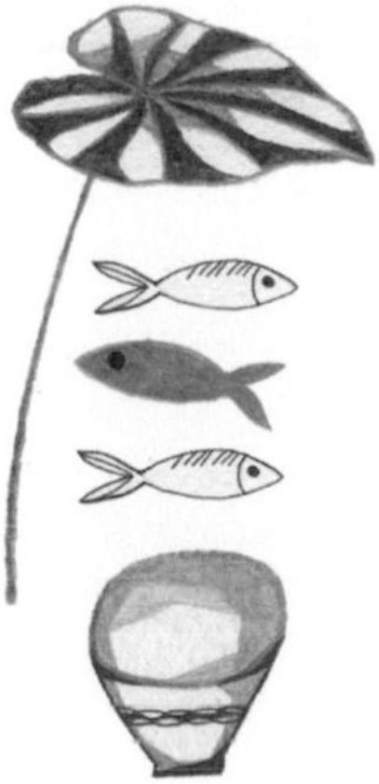

檸檬關鍵

讓魚乾活起來！

「當檸檬遇到芋頭 」

食物風土

［芋頭］

秋天的根莖蔬菜負責讓身體滋補
香、鬆、Q是芋頭追求的質地

飛魚魔芋粥

食材《Ingredients

芋頭	1斤切大塊
米	1杯
煙燻飛魚乾	1隻
芋頭梗	1枝切段
薑末	1茶匙
蝦米	1茶匙
橄欖油	1茶匙
檸檬酒	30cc
檸檬汁	10cc
鹽	適量
白胡椒	適量
洋蔥	1顆切大塊

作法《Recipes

1» 飛魚乾先泡漬於檸檬酒和檸檬汁中1小時。

2» 飛魚先煎香，放涼取下魚肉備用。魚骨加洋蔥和水煮20分鐘，成魚高湯。

3» 將切好的芋頭塊炸過，備用。
橄欖油加熱，置入蝦米煸香再加入薑末，加魚高湯、水、米和芋頭。

4» 煮滾，後煮至8分熟再拌入芋梗，煮熟加入鹽和胡椒調味。

5» 食用時，再撒落煎好的飛魚片。

秋分

交節日國曆9/22-24

秋分蟹　柿子紅

萬物收藏
厚生利用

秋黃的田園
開始收斂今年的典藏

風土食物

［百香果］

熱情果
受難花
酸、香並存
除可鮮食外，也可用於沙拉、烹調
料理、飲品調味
多才多藝直逼檸檬

檸檬關鍵

百香果獨特的香氣＋檸檬的酸＋蜂蜜的甜
攜手闖蕩天涯

檸檬百香果鮮榨汁

食材《Ingredients

百香果	6顆
檸檬酵素	10cc
檸檬汁	30cc
蜂蜜	50cc
冷開水	500cc
冰塊	2杯

作法《Recipes

1» 將食材1-4攪勻，再加入冷開水和冰塊，即可飲用。

寒露

交節日國曆10/7-9

寒露涼　大地土黃

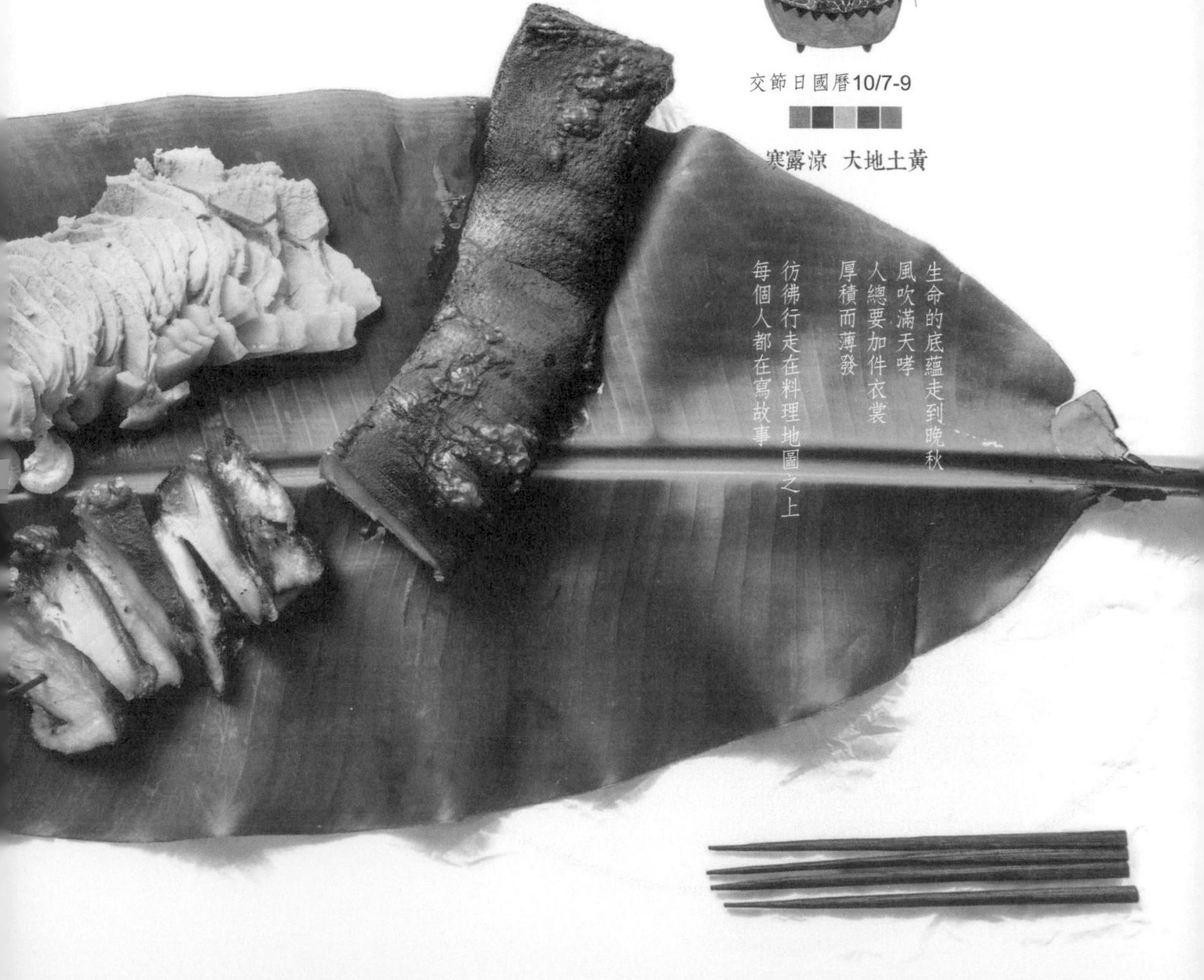

生命的底蘊走到晚秋
風吹滿天哮
人總要加件衣裳
厚積而薄發

彷彿行走在料理地圖之上
每個人都在寫故事

檸檬關鍵

平衡，很重要
勻稱，很重要
剛剛好，很重要

【茶山部落讚美豬 ＋ 苗栗白布帆軟枝楊桃】

希望可以讓傳統飲食成為行銷全球利器

茶山部落讚美豬

曾經有人這樣說過，豬從頭到腳都有用處
讚美主
有讚美的豬
自然放養、不打針、不投藥、不吃成長激素

苗栗白布帆軟枝楊桃
白布帆是前進達拉灣的起點
十月，楊桃熟了

烤豚肉 佐楊桃醬

食材《Ingredients

豬五花	2條
酒	20cc
醃肉粉	花椒粉1茶匙 馬告1茶匙 白胡椒粉1茶匙 鹽2茶匙 大蒜末1茶匙

作法《Recipes

1» 將五花肉塗上酒。
2» 再均勻塗上醃肉粉。
3» 密封袋裝好，冷藏，1天後見。
4» 請出在冰箱1天，已入味的五花肉。
5» 已預熱的烤箱200度，烤20分，烤程至一半時需翻面。
6» 放涼後切片，就可以和楊桃醬相遇。

【楊桃醬】

食材《Ingredients

新鮮楊桃	1顆
楊桃乾	4片
檸檬酒	100cc
檸檬汁	30cc
檸檬末	1茶匙
糖	20克
鹽	適量

作法《Recipes

1» 楊桃乾和檸檬酒泡漬1晚，切丁備用。
2» 新鮮楊桃切丁，加入楊桃乾丁和半入糖、鹽和檸檬汁煮開，煮10分鐘至湯汁半乾。
3» 煮過楊桃留2湯匙份量，剩餘置於食物調理機打成泥狀，最後拌入煮過楊桃丁和檸檬末。

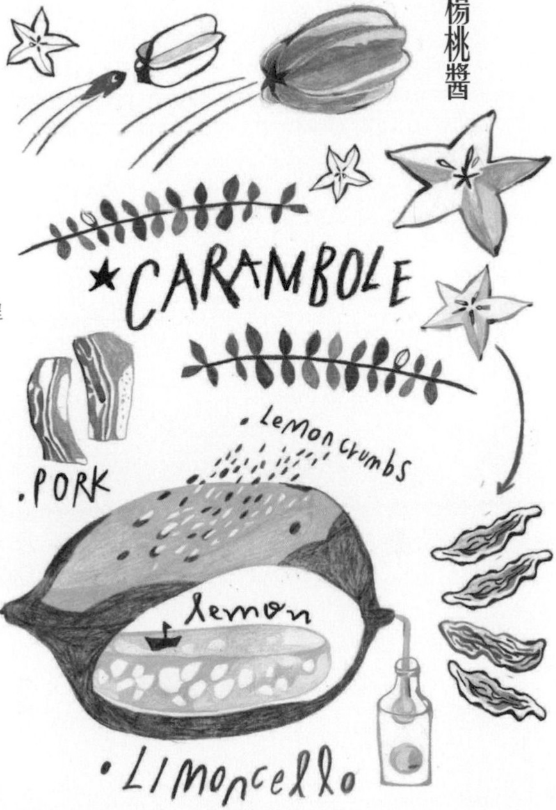

寒露

交節日國曆10/7-9

寒露涼 大地土黃

熱冷交替節律
食欲較旺盛
面對多變無常
更要厚斂

檸檬關鍵

一定需要檸檬
在打發的蛋中加入檸檬汁

希臘檸檬湯

[金針]

古名萱草，母親花
需在花朵綻開前一日採擷
清晨採收鮮蕾品質較佳
含水率約為87%

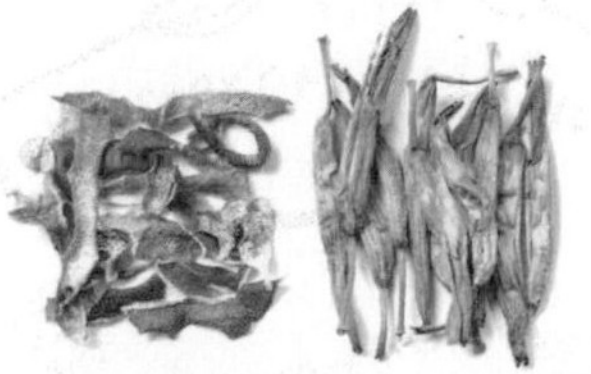

「當檸檬遇到金針」

食材《Ingredients

煮好的米飯	1.5碗
雞蛋	2顆
金針	10g
冷水	15cc
檸檬汁	150cc
高湯	900cc
鹽	適量
黑胡椒	適量

作法《Recipes

1» 蛋分成蛋白和蛋黃，蛋白置於一容器加冷水以打蛋器打發。
2» 把蛋黃拌入打勻，再加入檸檬汁打勻成蛋糊。
3» 將加熱過的高湯分次且少量的放入蛋糊中，慢慢打勻。
4» 再把步驟3倒回湯鍋，加入飯和金針，加熱拌勻以鹽和胡椒調味，過程不能煮滾，避免成蛋花湯。

霜降

交節日國曆10/23-24

霜降微愁　芒白

天遼地闊
氣肅而凝
霜降 自有秩序
冷冷靜靜
秋天再見

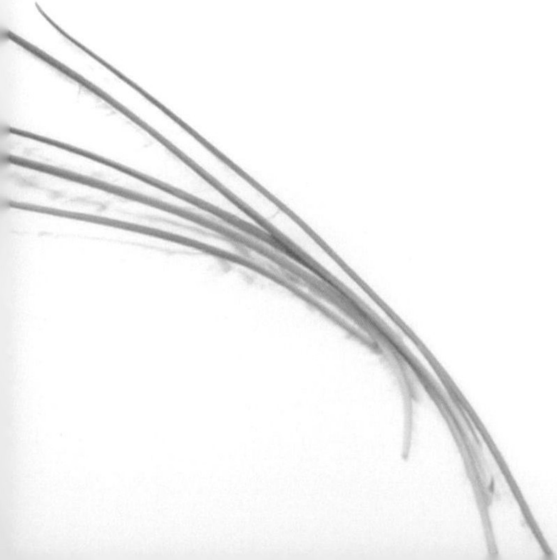

檸檬關鍵

山海遇需要檸檬，配海鮮的酸，源遠流長

[黑豆蔭油]

真正的美味，來自傳統家庭的廚房

黑豆蔭油
黑豆經種麴後貯存於大缸內發酵
傳統入甕日曝約180天，養分完全分解
以黑豆純釀造的台灣特產醬油
是中菜料理的靈魂

香煎白帶魚
佐 檸檬蔭油

食材《Ingredients

白帶魚	4片
檸檬汁	1茶匙
蔭油	1湯匙
蝦夷蔥丁	1湯匙
鹽	適量
橄欖油	1湯匙

作法《Recipes

1» 將食材2-3混合均勻備用。

2» 燒熱鍋的同時，把每一片魚片均勻抹上一層薄鹽。

3» 熱鍋後加油，油熱後下魚片，不要急於翻面，等待魚片可以移動再翻面。兩面都煎恰恰，就會外酥內多汁。

交節日國曆10/23-24

霜降

霜降微愁　芒白

蒹葭蒼蒼，白露為霜
所謂伊人，在水一方
你還記得秋天原本的樣貌嗎？

「當檸檬遇到香料」

當檸檬遇到魔法：熱檸香茶

食材 《Ingredients

荳蔻	2粒、外皮去掉取籽壓碎
肉桂棒	2根
丁香	3粒
八角	1顆
黑糖	20g
水	800cc
檸檬片	8片
紅茶	8g

作法 《Recipes

1» 將所有的材料置入鍋中，加熱至香氣完全釋放約5到10分鐘，製成茶水。

2» 杯中放置檸檬片，沖入茶水即可飲用。

風土食物

［豆蔻、八角、肉桂、丁香］

視個人喜好酌以增減

檸檬關鍵

東方香氣請清香來醒醒腦

立冬

交節日國曆11/7-8

立冬收　禾木深棕

四物、八珍、十全
湯圓、羊肉爐、薑母鴨
都是一家人彼此相愛的傳統養份
年復一年

檸檬關鍵

老菜裡有古老食譜累世積傳的堅持和深度
還有地域的風土和歷史

「當檸檬遇到紅茶」

[甜柿]

柿界有甜有澀
次郎柿、富有柿、石柿、牛心柿、四周柿
都似熾熱的秋光
彼此招呼

檸檬燻紅茶鴨

食材《Ingredients

鴨胸	2片各300g
檸檬汁	180cc
檸檬酵素	30cc
蜂蜜	4大湯匙
二砂糖	1/4茶匙
鹽	1茶匙
黑胡椒	1茶匙
白酒	30cc
紅茶	2大湯匙
紅糖	2大湯匙
檸檬皮	1顆

【醬料】

檸檬酵素	15cc
檸檬汁	50cc
糖	1茶匙
鹽	1/4茶匙
黑胡椒	適量

作法《Recipes

1» 將食材2-7混合均勻，製成醃汁，再把鴨胸浸泡48小時冷藏。需要幫鴨胸翻身。

2» 烤箱預熱220度，以鑄鐵鍋當烤盤，烤8分鐘再翻面成皮朝上，再烤7分鐘烤上色，關火燜8分鐘，留下鴨油，備用。

3» 檸檬酵素、檸檬汁、糖、鹽和黑胡椒調勻，再加上鴨油成淋醬。

4» 取一乾鍋底部鋪上錫箔紙，上面放上紅茶、紅糖和檸檬皮，架上架子放上鴨胸肉，蓋上鍋蓋轉大火，冒煙後再燻3分鐘，直到冷卻，冷藏至少30分鐘。

5» 食用時，鴨胸切薄片再加上淋醬即可。

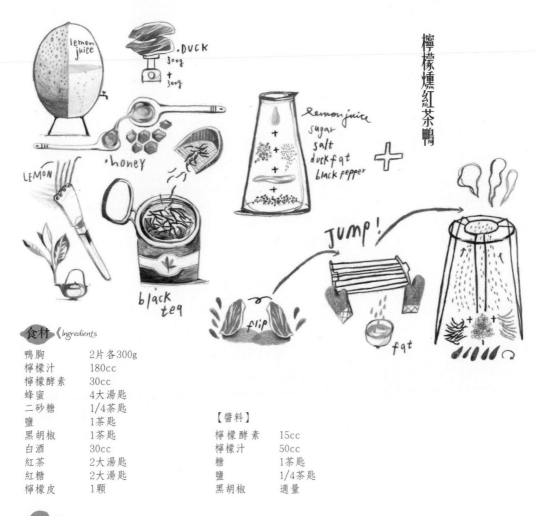

立冬

交節日國曆11/7-8

立冬收　禾木深棕

大地的溫柔
其實是存著藏著
厚斂在最深的地方
負日之暄

食物風土

[江某蜜]

春／柑橘蜜、文旦蜜、金棗蜜、龍眼蜜、荔枝蜜、厚皮香蜜

夏・秋／咸豐草蜜、西瓜蜜、鳳梨蜜、埔姜蜜、林投蜜、烏桕蜜、棗子蜜、檳榔花蜜

冬／油菜蜜、茶樹花蜜、地瓜花蜜、柃木花蜜、鴨腳木花蜜

檸檬關鍵

簡單裡的更簡單，成人版的蜂蜜ㄉㄟㄉㄟ

檸檬江某蜜冷泡茶

食材《Ingredients

檸檬酵素	20cc
檸檬汁	50cc
檸檬片	8片
江某蜜	50cc
開水	800cc

作法《Recipes

1» 將食材1-5拌勻，製成檸檬蜂蜜茶。取約240cc置於已裝檸檬片的製冰盒冷凍，成冰球，備用。

2» 剩下的檸檬蜜茶冷藏，飲用時只要加入製好的冰球，就像是威士忌的呈現。

小雪

交節日國曆11/21-23

小雪感恩　微風紫

快雪時晴
原來是承諾
願你平安

檸檬關鍵

檸檬便是本質，不可或缺

當檸檬遇到法式經典：
檸檬瑪德蓮

瑪德蓮蛋糕具有代表普魯斯特與意識流小說涵義的重要符號與象徵物。

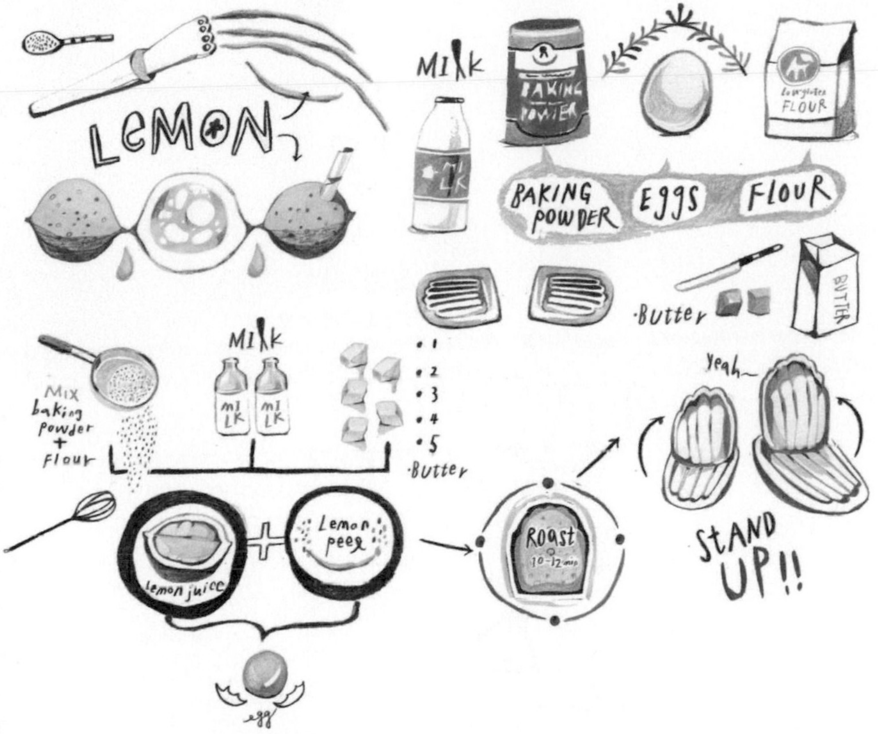

作法《Recipes

1» 奶油切塊放入碗中，隔水加熱至溶化備用。
2» 將蛋放入盆中打散。
3» 拌入糖攪勻（不要打發）。
4» 刨檸檬皮及檸檬汁，攪拌均勻。
5» 將低筋麵粉與泡打粉混合均勻後，一邊過篩一邊拌入蛋汁裡。
6» 攪拌至看不到乾粉為止，分5次加入作法1的奶油。
7» 攪拌至奶油完全融入麵糊後，再加入冰牛奶拌勻，成為麵糊。
8» 將所有麵糊倒入塑膠袋中，並且將袋中空氣擠出，封好，冷藏12小時，烘烤前取出退冰20分鐘。
9» 烤箱預熱200度，烤10-12分鐘。將瑪德蓮貝型烤模薄薄塗上一層奶油後，輕輕灑上麵粉，再倒過來拍掉多餘的麵粉，倒入麵糊於烤模。
10» 出爐後先靜置1-2分鐘，再趁熱脫模，再放在網架上自然冷卻。

食材《Ingredients

雞蛋	100g
糖	100g
檸檬皮	1/2個
檸檬汁	20cc
低筋麵粉	125g
泡打粉	1小匙
無鹽奶油	135g
冰牛奶	30g

小雪

交節日國曆11/21-23

小雪感恩 微風紫

彷彿突然聽到陪伴自己長大的
青春民歌
就回首太難般
冷冽矜持
不耐早冬

當檸檬遇到紅寶石：洛神檸檬熱茶

[奇美部落・洛神花茶]

思索最簡單沖泡、保留全植物營養及植物纖維的方法
將烘乾的洛神乾利用奈米化製造工序
開發直接飲用型茶包，隨泡隨喝
即可獲得洛神全植物的營養精華

檸檬關鍵

平輩論交
洛神和檸檬分屬不同顏色的酸

「當檸檬遇到洛神花」

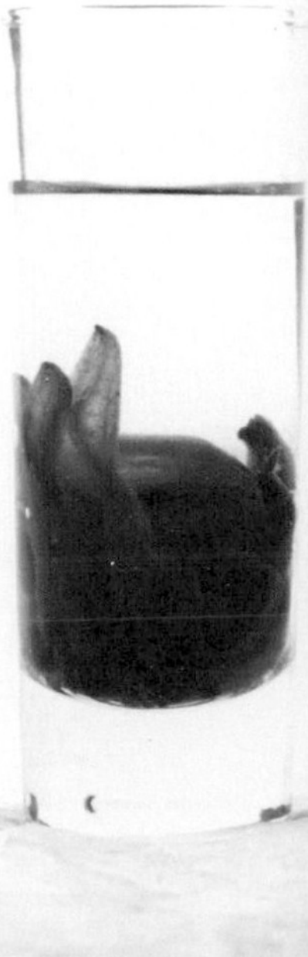

食材《Ingredients

洛神花(蜜漬)	10朵
檸檬酵素	10cc
檸檬汁	20cc
水	600cc
冰糖	2湯匙

作法《Recipes

1» 水加熱溶化冰糖，煮6朵的洛神花煮出紅色，放涼至室溫，備用。

2» 加入檸檬酵素和檸檬汁拌勻，飲用時每杯放入一朵洛神花，隨著洛神的慢慢釋放，每一口有著不一樣的風味。

大雪

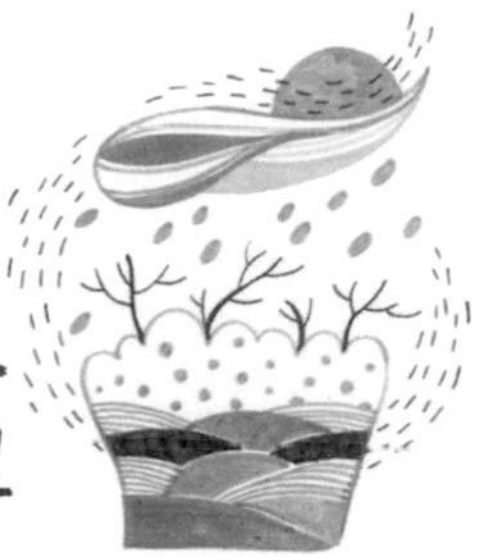

交節日國曆12/6-8

大雪飛 漫天灰

大雪
烏魚群大批湧進台灣海峽

感謝 曾經風雪
感謝 豐盛供應

檸檬關鍵

是南瓜和薏仁間的介質
提昇整體感的層次性

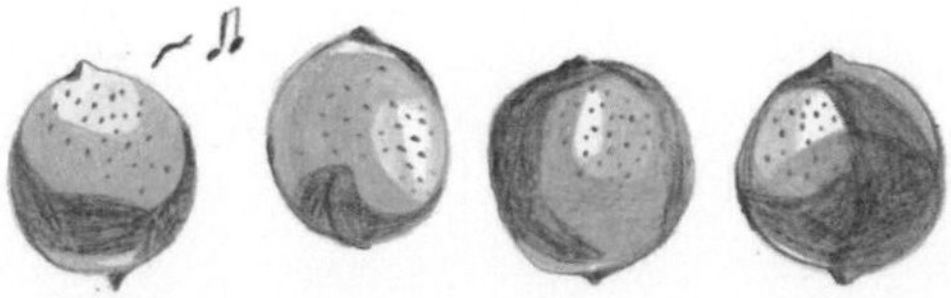

「當檸檬遇到南瓜」

［台灣南瓜］

性溫

自然的甜度與香氣

當檸檬遇到米飯：南瓜薏仁燉飯

食材《Ingredients

南瓜切丁	300g
薏仁	150g
洋蔥	70g小丁
大蒜	2瓣切末
高湯	400cc
檸檬酒(limoncello)	1湯匙
檸檬油	3湯匙
帕瑪森起司	3湯匙
鹽	1/2茶匙

作法《Recipes

1» 薏仁先用電鍋煮過。
2» 南瓜切丁，用檸檬油先煎過，備用。
3» 取一平底鍋加入檸檬油先小火炒香大蒜和洋蔥末至透明，再加入limoncello，煮滾散出酒香。
4» 拌入薏仁，加入40cc高湯，小火燉煮直到快收乾。
5» 重覆上述步驟9次，過程需耐心的攪動，避免沾鍋。
6» 直到第7次把南瓜丁加入，不要攪動太大，避免南瓜糊掉。
7» 拌入起司，再留1湯匙的起司，以鹽調整鹹淡。
8» 盛盤後淋上檸檬油，再撒上起司即完成。

檸檬油作法:檸檬皮1顆加100cc的橄欖油，室溫靜置至少5天。

大雪

交節日國曆12/6-8

大雪飛 漫天灰

食材的風土探究
市集的文化氣味
有機世界的豐富
是年度收藏

[桂花蜜]

蜜離大自然很近，離山很近、離作物很近

檸檬關鍵

讓蜜不只是蜜
讓香不只是香

檸檬桂花蜜茶

食材《Ingredients

檸檬酵素	20cc
檸檬汁	40cc
桂花蜜	40cc
溫開水	600cc
桂花	1湯匙

作法《Recipes

1» 將食材1-4攪拌均勻。
2» 飲用時每杯再撒上桂花。

冬至

交節日國曆12/21-23

冬至節　團圓正紅

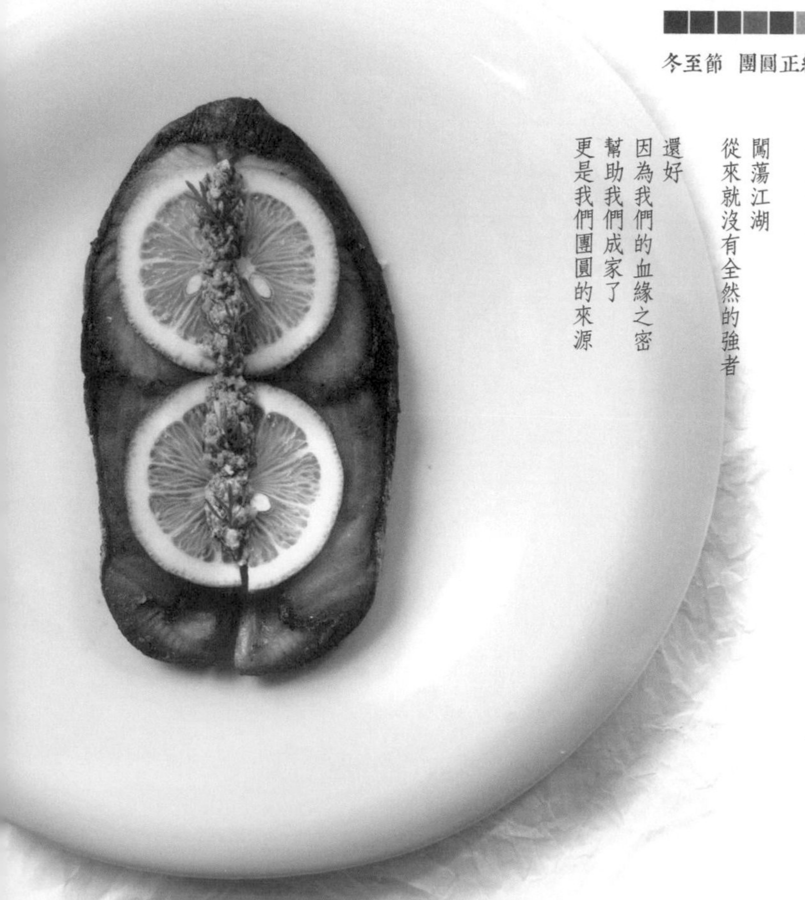

糯米、紅豆、棗子、花生、白果、蓮子、百合
七手八腳
迫不及待
擠成一團

闖蕩江湖
從來就沒有全然的強者

還好
因為我們的血緣之密
幫助我們成家了
更是我們團圓的來源

檸檬關鍵

提昇魚肉質地生猛新鮮的層次感

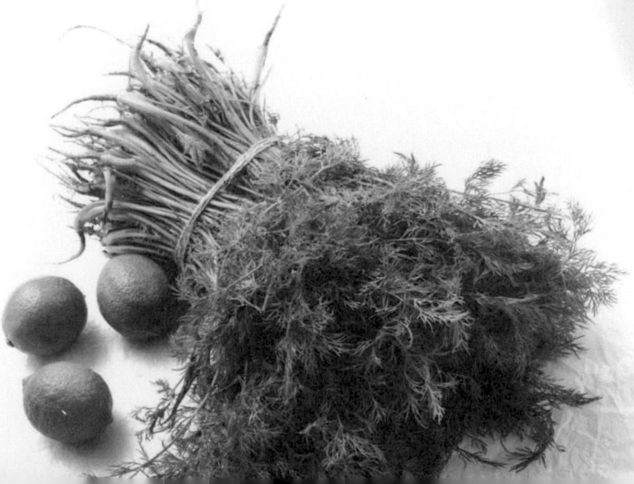

「當檸檬遇到茴香」

[茴香]

小時候以為那是阿嬤才知才懂的手路菜
長大後獨獨喜歡茴香的字音字義字形

茴香檸檬香煎土魠魚 佐熱那亞青醬

食材《Ingredients

土魠魚片	1片
茴香碎	3大湯匙
大蒜	1瓣
蛋黃	1顆
洋蔥	1湯匙
橄欖油	3湯匙
松子	1茶匙
鹽和胡椒	適量
白酒	1湯匙
檸檬汁	1/2茶匙
檸檬片	8片

作法《Recipes

1» 土魠魚片以橄欖油、檸檬汁、胡椒均勻沾裹，最後以檸檬片鋪滿敷著，靜置。

2» 將食材2–8放於食物調理機攪打成青醬，備用。

3» 加熱平底鍋，把魚片煎熟，起鍋前加入白酒燜燒，以鹽調味即可。

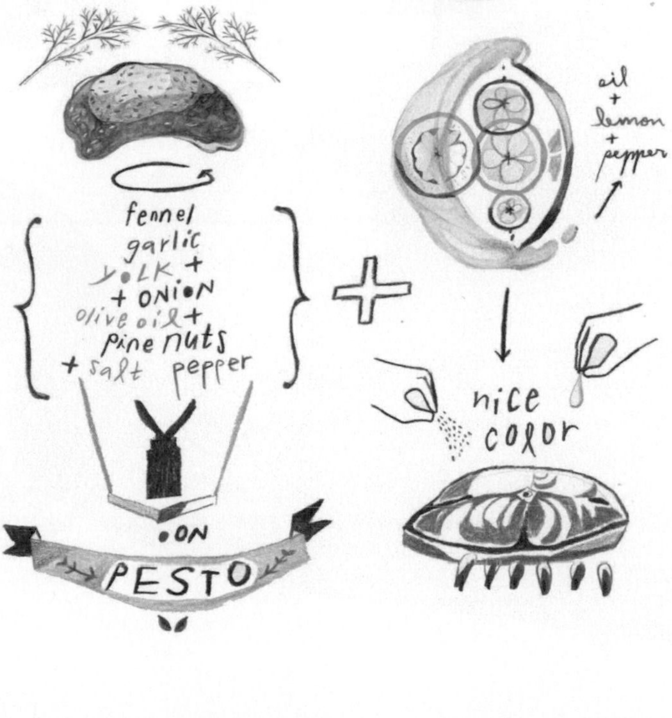

冬至

交節日國曆12/21-23

冬至節　團圓正紅

與愛偕行

我的時間
要給溫暖心愛的人

當檸檬遇到薑：檸樂煲薑
香港人的伏冒熱飲

風土食物

［南投的薑黃］

薑黃是一種地下根莖植物
又名黃薑、春鬱金、黃絲鬱金或寶鼎香
是中藥處方常用本草之一

檸檬關鍵

大大補充維它命C

當檸檬遇到薑：檸樂保薑

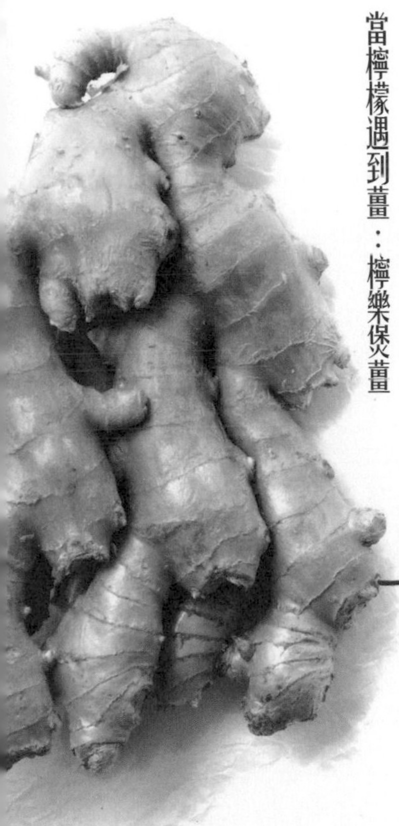

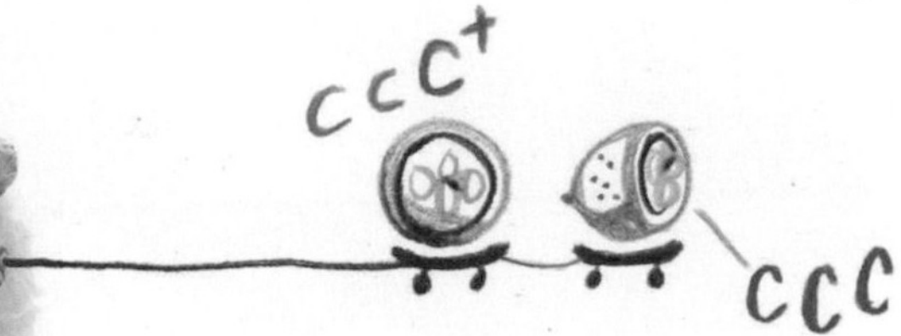

食材《Ingredients

可樂	2瓶
老薑片	4片
薑汁	20cc
檸檬片	4片
檸檬酵素	10cc

作法《Recipes

1» 將可樂加溫熱，關火前加入檸檬片、薑汁和薑片。
2» 可以熱熱喝，當不燙口時，再加進檸檬酵素。

交節日國曆1/5-7

小寒臘八 雜灰雜紫

小寒

冬眠憂喜
實在都是眷戀
彷彿寫一篇長篇
只饗知音

檸檬關鍵

寬心的檸檬讓紅豆和奶油餡變成一家人
不用再抉擇
要紅豆？還是要奶油？

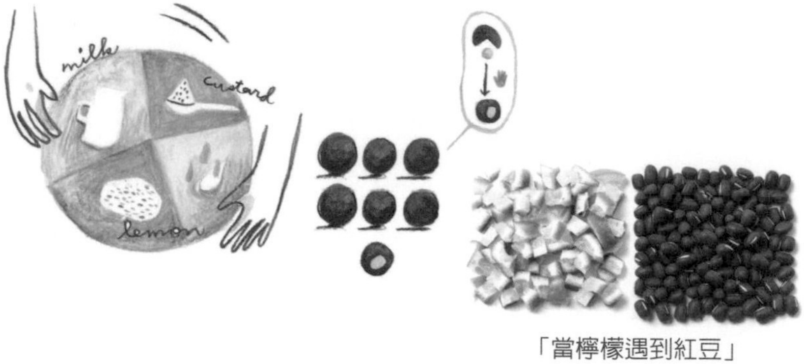

「當檸檬遇到紅豆」

「高雄的紅豆」

不管高雄6號、高雄7號、高雄8號、高雄9號、高雄10號
每一號都是角色
他們會成為長青好吃不已的甘納豆、蜜紅豆、紅豆湯

當檸檬遇到醃檸檬：圓型檸檬夾心紅豆餅

【餡】

食材《Ingredients

紅豆泥	150g
卡司達粉	40g
牛奶	40g
檸檬汁	15cc

作法《Recipes

1» 將食材2-4混合均勻成檸檬卡司達餡。

2» 將紅豆泥包裹檸檬卡司達餡搓成球狀，約16個冷凍定型。

【餅皮】

食材《Ingredients

雞蛋	2顆
牛奶	120cc
麵粉	90g(過篩)
糖	1茶匙
溶化奶油	20g

作法《Recipes

1» 將食材1-5置於鋼盆，用打蛋器攪打成無顆粒的麵糊備用。

2» 將模型於瓦斯爐上加熱，熱度夠後，刷上一層薄奶油，再倒入七分滿的麵糊於每個半圓型的模型中，再把已定型的內餡置於每個模型內。

3» 當模型邊的麵糊已成為成為薄皮時，以針順著模型將上部轉到下部成為圓球型，烤到球型成金黃色即完成。

小寒

交節日國曆1/5-7

小寒臘八 雜灰雜紫

冷氣積久而為寒

臘月共食臘八粥

是平安共好的情感印記

［香草姐妹淘］

不分土洋
種在咱們院落裡陽台上的香草
便是要改變餐桌千秋的關鍵
每一種香草搭配上檸檬
都是成吉思汗

檸檬關鍵

身處草本系的寧靜致遠
檸檬是每一次的論斷

當檸檬遇到香草圈子：檸檬馬鞭草和檸檬香蜂草香草飲

食材《Ingredients

檸檬片	8片
檸檬馬鞭草	10公分2枝
檸檬香蜂草	10公分2枝
熱開水	1000cc

作法《Recipes

1» 將茶壺用熱水燙過，再把香草和檸檬片，置於壺內，以熱開水沖開，蓋上蓋3分鐘後，即為暖手的香草茶。

大寒

交節日國曆1/19-21

大寒冷　高粱辣金

北半球許多地方一年中最冷的時期
心是熱的

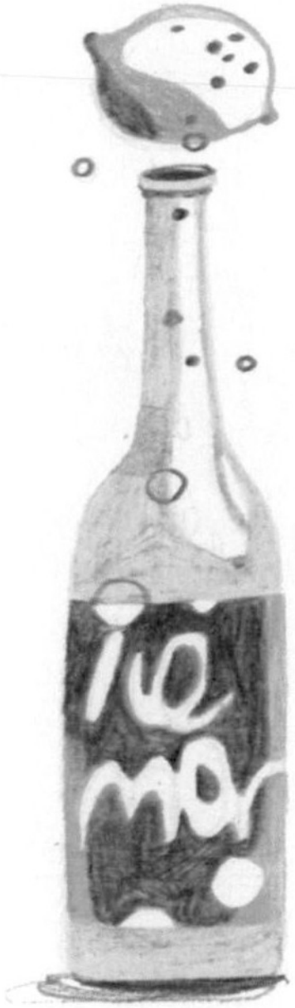

檸檬關鍵

加強版，檸檬酵素的酸，酸到沖天

[台灣味]

台灣味是你+我的味
台灣味是個怎麼樣的味啊

新時代的薑絲炒大腸
我們使用了檸檬酵素
絕妙又有風韻

當檸檬遇到台灣魂：薑絲炒大腸

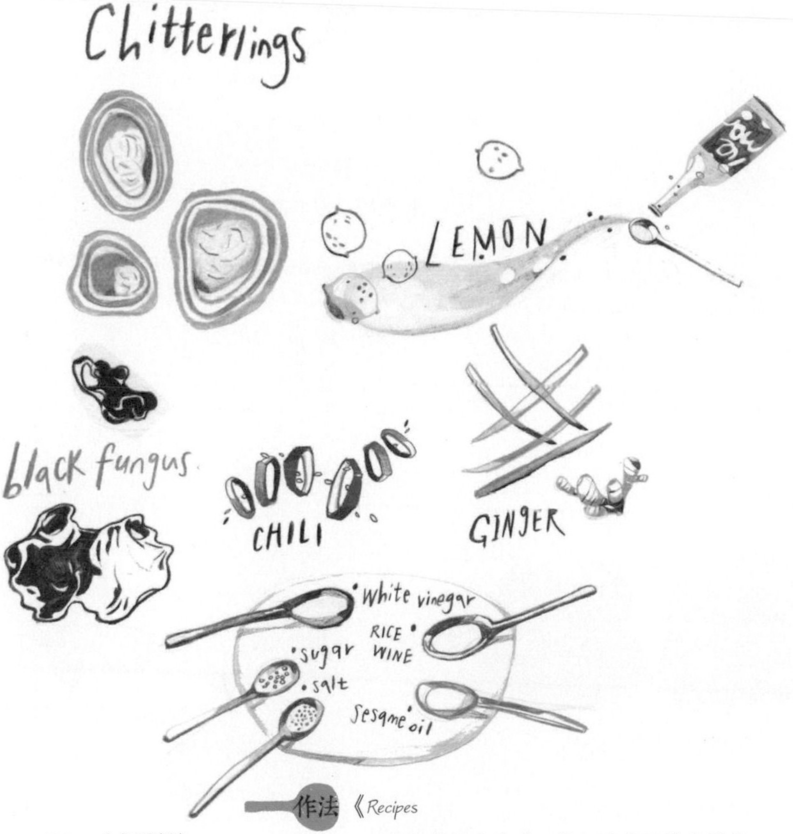

食材 《Ingredients

大腸	200 g（處理好）
薑絲	50g
酸菜	10g
木耳	10g
辣椒	1條切片
大蒜	2瓣拍碎
白醋	1湯匙
鹽和糖	適量
香油	1茶匙
米酒	1茶匙
檸檬酵素	5cc

作法 《Recipes

1» 先爆香薑絲和大蒜，拌入酸菜至散出香氣。
2» 加入木耳和大腸拌炒。
3» 加入白醋、鹽、糖和米酒，煮滾後再拌入辣椒。
4» 起鍋前淋上香油，盛盤後再淋上檸檬酵素。

大寒

交節日國曆1/19-21

大寒冷　高粱辣金

愛
在起頭燦爛
在終了堅毅
總是
我執太甚

「當檸檬遇到草莓」

食物風土

[草莓]

甜美到老
1歲到99歲
男女老幼都無抗性的水果

檸檬關鍵

讓草莓不再只是甜美
讓我們不再只是耽於美

草莓和手作米香
佐 玫瑰檸檬皮香草糖水

食材《Ingredients

草莓	8顆(每顆切成1/3)
手工米香	4片
香草糖	1湯匙
檸檬汁	1茶匙
檸檬酒	1/2茶匙
洋蔥絲	12條

作法《Recipes

1» 食材3-5混合均勻，型成香草糖水，靜置備用。
2» 將切好的草莓，泡在香草糖水中約10分鐘。
3» 食用時只需要將泡製好的草莓，置於米香上，再放上洋蔥絲淋上少許的香草糖水，傳統新吃。

香草糖作法：糖、乾燥玫瑰花瓣、乾燥洛神花、檸檬皮和玫瑰天竺葵，置於食物調理機攪打成粉末，以乾燥的容器填裝保存。

台灣檸檬之鄉

市場貨架上掬起一顆檸檬，它的未來開始有你，它的過去，你卻從未參與。總讓你有些浪漫想像的檸檬樹，在產地上，那是果農的生計所繫，用心計較的銖銖錙錙，即便檸檬全年皆產，還是有淡旺期。果農碰面總會聊起當下的價格行情，菜土菜金，豐收是土、歉收是金也遙遠，這裡沒有一點位置留給浪漫情懷，只有像父母一樣，把檸檬當孩子養，拉拔長大，期望出息爭氣、遇到好人家，就憑著與土地的共榮與不離不棄，也造就了台灣檸檬的產業奇蹟。

公頃 ha

年次及地區別		檸檬 種植面積
民國	91年	1 401
	92年	1 479
	93年	1 605
	94年	1 715
	95年	1 736
	96年	1 844
	97年	1 937
	98年	1 949
	99年	1 699
	100年	1 679
新北市		0
臺北市		1
臺中市		39
臺南市		23
高雄市		259
宜蘭縣		2
桃園縣		1
新竹縣		3
苗栗縣		1
彰化縣		37
南投縣		80
雲林縣		11
嘉義縣		21
屏東縣		1179
臺東縣		10
花蓮縣		14
澎湖縣		–
基隆市		–
新竹市		–
嘉義市		–
福建省		–
金門縣		–
連江縣		–

資料來源：行政院農業委員會農糧署

全台1800公頃的檸檬園
種植面積有86%集中在台灣南部屏、高雄兩縣市
屏東縣有九如、高樹、鹽埔、里港；高雄為旗山、美濃等地
而九如鄉則面積最大，被譽為檸檬之鄉
其他縣市也有零星種植
栽培面積有增加趨勢

夏季盛產，價格波動

檸檬常年開花結果，但仍以7~9月的盛產期產量大增，價格滑落，產地價格最高與最低相差5~10倍。盛產期有6~7成檸檬榨成汁。

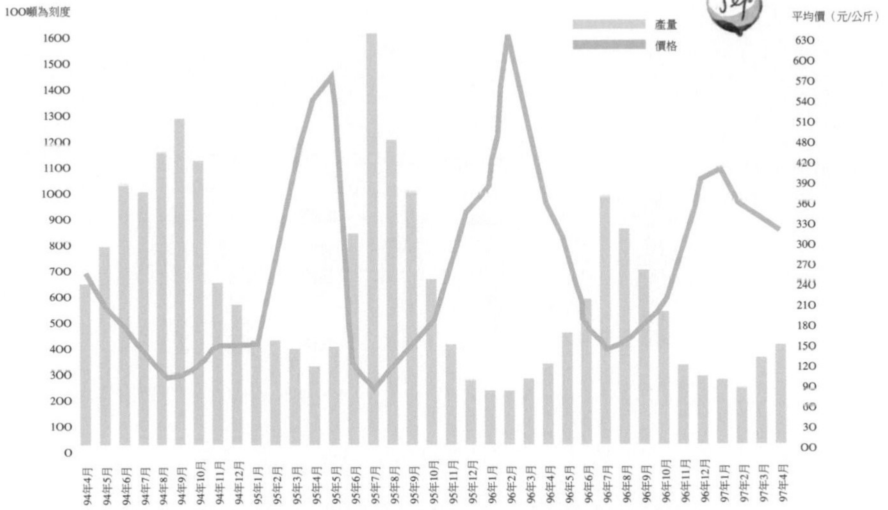

97-100 年拍賣市場交易走勢圖（資料來源： http://amis.afa.gov.tw/ ）

年度	面積(ha)	每公頃產量(kg)	總產量(m.t)
90	1486	14651	20328
91	1401	15511	20568
92	1479	13708	18161
93	1605	14457	19479
94	1715	11268	16581
95	1736	11884	16918
96	1844	10066	17166
97	1937	9882	18606
98	1949	7738	14446
99	1699	10656	18105

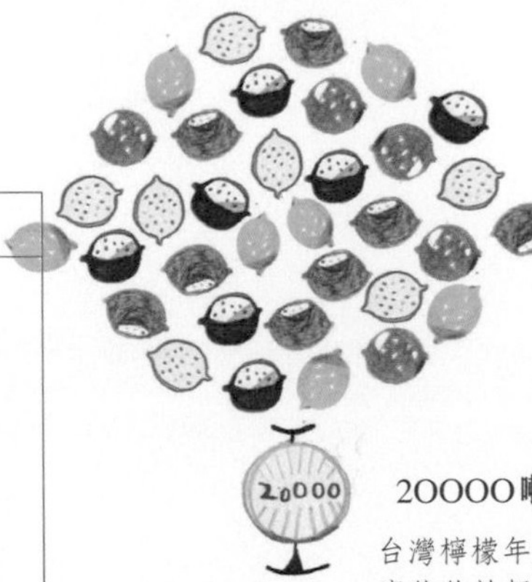

20000噸檸檬

台灣檸檬年產量約有20000噸
產值估計超過4億元

栽種之人

檸檬樹
它不會移動、走路
無法主動積極地趨吉避凶
所以面對威脅時，只能逆來順受，坦然以對
它不出聲不說話
無法說出感受、道出需求
只能用一條枝、一片葉
反映它的現況，哪裡豐厚、哪裡缺？
身為檸檬栽種之人
跟檸檬不同於其它水果一樣
有著與其它農夫共同與不同的人格特質

【樂天知命】

孫悟空再如何變，也跳不開如來的掌心，農業是大自然的一環，你得學習果樹，對於不可抗力的嚴苛環境，逆來順受。

↓

【勤奮節儉】

要怎麼收穫，先要怎麼栽，勤儉可能有收穫，不勤儉不可能有收穫。

↓

【了解土壤】

一把土壤也是一門學問，一個生態世界，它是果樹的母親，母親不健康，孩子不可能茁壯。

↓

【敏感氣候】

老天爺的臉色，要看得懂，這才了解果樹的感受，也才知道接下來的農事是什麼？

↓

【檸檬解語花】

深語檸檬作物的生長特性，就像母親對於嬰兒般，只要寶貝哭了，就知道冷了、熱了、餓了、病了。

↓

【病與蟲害醫生】

不只土壤、天氣、作物，連喜歡檸檬果樹的蟲、細菌都要懂，懂得它的特性，才知道如何防它治它。

↓

【與檸檬同甘共苦】

你多給了檸檬，檸檬也同等的回饋給你，只是不能會錯情、表錯意，收穫是給果農打成績。

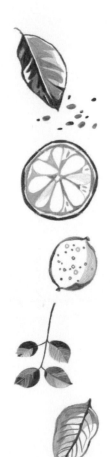

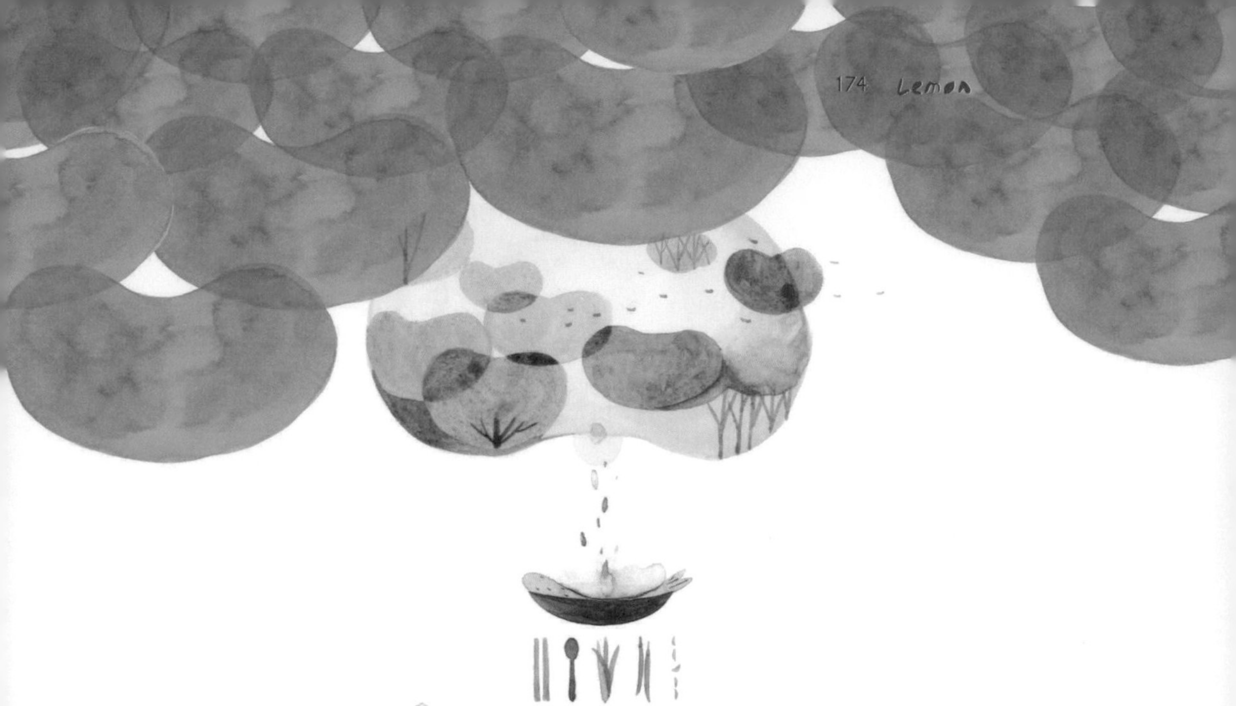

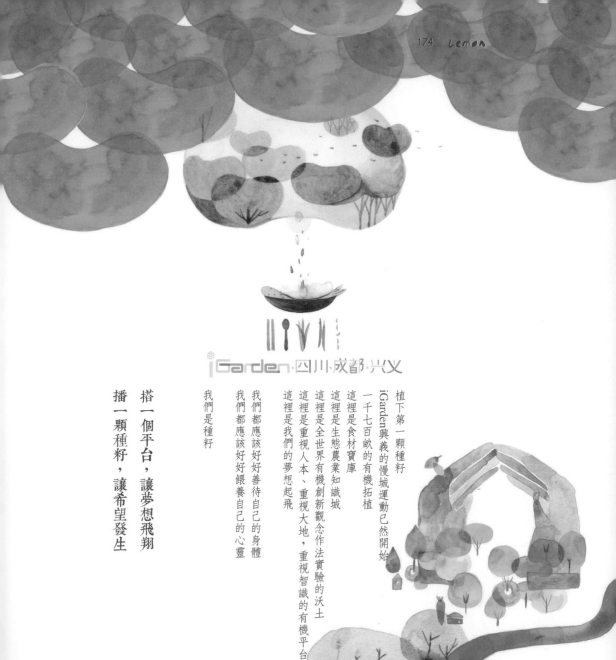

萃綠檸檬

跟著節氣學吃酸．檸檬

Lemon

2AB819X

作　　者　種籽設計節氣飲食開發團隊
責任編輯　溫淑閔
主　　編　溫淑閔
美術編輯　種籽設計
文　　字　種籽設計
攝　　影　趙樹人

行銷企劃　辛政遠、楊惠潔
總 編 輯　姚蜀芸

副 社 長　黃錫鉉
總 經 理　吳濱伶
發 行 人　何飛鵬
出　　版　創意市集
發　　行　城邦文化事業股份有限公司
歡迎光臨城邦讀書花園
網址：www.cite.com.tw

香港發行所　城邦（香港）出版集團有限公司
香港灣仔駱克道193號東超商業中心1樓
電話：(852) 25086231
傳真：(852) 25789337
E-mail：hkcite@biznetvigator.com

馬新發行所　城邦（馬新）出版集團
Cite (M) Sdn Bhd
41, Jalan Radin Anum, Bandar Baru Sri Petaling,
57000 Kuala Lumpur, Malaysia.
電話：(603) 90578822
傳真：(603) 90576622
E-mail：cite@cite.com.my

印　　刷　凱林彩印股份有限公司
2021年（民110）8月　二版2刷
Printed in Taiwan

定　　價　350元

國家圖書館出版品預行編目資料

跟著節氣學吃酸・檸檬/種籽設計　著
—初版 — 臺北市：
北市：創意市集出版 ：城邦文化發行，
民102.07　面 ；公分
ISBN 978-986-600-965-5（平裝）
1.食譜　2.點心食譜
427.18　　102006623